无论您有多忙，饭总是要吃的，水总是要喝的。
为自己配制一些保健茶包，随时随地喝出健康。

茶包小偏方，喝出大健康

上 对症调养篇

陈允斌 / 著

吉林科学技术出版社

茶包小偏方，喝出大健康

（增订版前言）

这本书是写给忙碌的上班族的。全书 169 个保健小茶方，是为了方便快速制作和随身携带而设计的，可以一次准备许多包，放在办公室、汽车或包里，随时取用。还有出差旅行时，面对突发状况，如何就地取材，快速泡制一杯茶饮来救急的方法。

此次增补再版，主要增加了以下内容：

·新增 36 个小茶方
·增加各种食材的真伪及优劣鉴别

本书初版发行后，市面上陆续出现不少以本书配方为基础生产的茶包产品。由于原料的品质及真假对于茶包的效果影响很大，读者选购时可参考书中所写的鉴别点来对照。

根据多年来读者使用本书茶方的经验，对部分茶方的做法和功效进行了补充和完善，并收录不同体质人群饮用小茶方后的效果反馈，供新老读者参考借鉴。

·全新拍摄的茶方制作高清图

在内容编排上，将茶方按功效分为旅途应急方、常见小病调理、瘦身/皮肤调理、亚健康调理、四时顺养、常用食材介绍等部分。

本书的补充说明

1. 本书的第一版出版于2012年，那时国家发布中药材及饮片硫残限量标准执行还不严格。出于对熏硫、泡硫中药食材的担心，书中大部分茶包的制作方法，第一步都有"先冲入沸水泡1分钟后，将水倒掉"（这仅仅是一个没有办法的办法，并不能完全解决硫残伤害）。现在我们可以买到无硫的药材、食材，因此这一步就不需要了，以免浪费药效。

2. 有些茶方需要以糖为药引或者调味，本书第一版中，为了便于大家随身携带茶包，采用的是冰糖。由于现在市面上的冰糖基本为工业生产，已无过去老冰糖（市面上宣称"老冰糖"的大多不真实）的药效，因此将初版书茶方中的冰糖，根据配方的功效不同分别改为红糖、蜂蜜或其他天然甜味剂（例如罗汉果、甘草等）。

3. 现在电子养生茶壶已普及，上班族也可以方便地在办公室煮茶，新版中凡是注明"煮水更佳"的茶包方，建议有条件时可以煮水饮用。

2019年8月

带上健康出发

（2012 年初版前言）

这些年，我养成了一个小习惯：每次出门，都会准备几包配好的茶饮，再带上一个随身杯，随时拿出来冲泡。不管是在工作现场，还是在旅途中，这杯茶饮总不离身，渴了就可以喝上一口。

朋友们总对杯里的内容感到好奇。在讲座的现场，常有听众举手发问：您的杯子里泡的是什么？我会告诉他们：这是我给自己配的保健饮，配方会根据季节和身体的情况来变化。

现代人忙，忙得没有时间调理身体。但再忙，饭总是要吃的，水总是要喝的。每天在办公室或路上忙碌的朋友们，如果可以为自己配制一些保健的茶包，出门时泡上一杯，随时随地喝出健康，那是多么好的事情。

这本书介绍的 133 款茶饮（增订版注：新版增加到 169 款），都是方便外出时携带的。大部分设计成茶包的形式，您可以一次准备许多包，放在办公室、行李箱或包里，随时取用。

说到茶饮，人们总想到绿茶、花茶、红茶这些茶叶。其实，传统养生的茶饮，很多不是用普通茶叶，而是采用食材，或是药食同源的保健中药来配制，小孩、孕妇等不能喝茶的人也可以选择饮用。

书中的茶饮配方，所采用的都是家常的食材，对其中的 35 种主料，介绍了它们的功效、选购和使用方法。这些原料很普通，搭配起来功效却不简单。有特别为上班族设计的各种应急茶饮，为爱美族设计的减肥瘦身茶饮、祛痘祛斑和美白茶饮，为家庭设计的老人、女性和儿童保健茶饮，针对四季设计的季节保健茶饮，等等。还有出差旅行时，面对一些突发状况，怎样就地取材，快速泡制一杯茶饮来救急的小妙招。

书的前后有按照季节、功效和食材分别归类的索引，方便您随时查找。您可以根据个人的体质和季节，选择适合自己的茶包。

配好了茶包，无论在哪里，有多忙，都可以方便地喝上一杯，好好照顾身体。记得给家人也准备几包，让他们带着您的爱心出门，随时随地感觉到贴心的温暖。

让我们一起，带上健康出发。

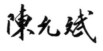

2012 年 1 月

一 旅途中快速自制应急小茶方

旅途中吃生冷后突然腹泻，喝姜丝绿茶 · oo3

旅途中受寒后突然腹痛，喝怀香止痛茶 · oo7

旅途中突然便秘，喝利肠生面茶 · oo9

旅途中突然流鼻血，喝生面茶 · o12

旅途中突然咽炎发作，喝蜂蜜绿茶 · o14

旅途中突然牙痛（隐隐作痛），喝归原止痛茶 · o17

水土不服应急茶方：芫香行人饮 · o22

旅途中感冒怎么办 · o24

　风热感冒初起：旅途中突然感觉头晕目眩，咽喉微痛、干咳，
　赶紧喝菊花绿茶饮 · o24

　风寒感冒初起：旅途中突然感觉怕冷、恶心、流清鼻涕，
　马上喝芫香散寒饮 · o26

　受风寒后预防感冒：旅途中受风寒，突然头痛、胃部冷痛，
　餐馆里要一杯胡椒糖茶 · o29

　防流感应急茶方：姜醋抗病饮 · o32

旅途中饮酒怎么办？可在酒席中现场制作的水果解酒茶 o34

　喝啤酒防止伤胃，喝盐橘解酒茶 · o34

　喝白酒防止伤胃，喝酒后恶心、没食欲，喝苹果醒酒茶 · o37

二　调理感冒、发热（发烧）的家传小茶方

感冒先分寒热，吃错药影响一辈子健康·040

风寒感冒小茶方·041

　　分辨风寒感冒的小窍门·041

　　风寒感冒：低热（低烧）、怕冷、不出汗、头痛、鼻塞，喝姜葱陈皮水（感冒通鼻饮）·042

风热感冒小茶方·046

　　分辨风热感冒的小窍门·046

　　防治风热感冒引起的咽喉肿痛，喝牛蒡茶·048

受凉加吃生冷引起肠胃感冒，恶心、呕吐、拉肚子，喝芫香正气水·051

神奇的天然退热（退烧）茶秘方（感冒引起的高热）：蚕沙竹茹陈皮水·055

感冒初愈后，痰多发黄，食欲不佳，喝竹茹陈皮水·061

感冒后咳嗽、痰白（风寒咳嗽），喝陈皮姜茶·063

三　调理咳嗽、痰多的家传小茶方

突然干咳、热咳，喝鱼腥草梨皮水·066

晨起有痰，喝芹根陈皮茶·070

调理慢性咳嗽、黄痰，喝果菊清饮·073

调理慢性咳嗽、白痰，喝陈皮橘络茶·079

慢性支气管炎发作，喝西瓜子清肺饮·082

四 保健牙齿和口腔的家传小茶方

改善牙龈经常发炎出血、牙周病，喝瓜菜健齿饮 · 085

风火牙痛（牙龈肿大，口臭，伴有便秘），

喝生牛蒡汁，白酒泡蜂蜡外敷 · 087

口腔溃疡，喝茄子蒂茶 · 090

舌头长疮，喝清心翠衣茶 · 092

五 调理咽喉问题的家传小茶方

大量说话人群的护嗓茶：蜂蜜南瓜子茶 · 095

声音长期嘶哑，有声带小结或息肉，喝橘红开音饮 · 098

咽喉有异物感的喉炎，喝蜜炙陈皮山楂茶 · 100

咽喉有烧灼感的慢性喉炎，喝利嗓开音茶 · 103

慢性咽炎咳嗽痰多，喝罗汉清肺饮 · 105

慢性咽炎虚火重（咽喉干痛，口干爱喝水），喝繁缕蜂蜜水 · 109

经常咽喉肿痛，喝牛蒡薄荷茶 · 111

六 调理眼睛问题的小茶方

用眼过度，双目疲劳，喝养肝明目茶 · 115

眼睛经常发红、发炎，是风热，喝桑菊明目饮 · 118

七 调理各种类型便秘、肠炎、痔疮的家传小茶方

大便干结，口干想喝水，用桃李润肠饮 · 121

大便干结，口干但不想喝水，用桃仁陈皮饮 · 123

严重便秘好几天，应急小茶方：桃红通便茶 · 125

年轻人经常便秘，喝芦荟苹果排毒饮 · 127

高龄老人习惯性便秘、女性产后便秘，喝蜂蜜香油水 · 131

痔疮人群保健，喝耳芝饮 · 134

便秘和腹泻交替出现，喝甘草酸梅汤 · 137

预防肠炎小茶方：香椿水 · 140

八 各种疼痛及眩晕调理小茶方

胃溃疡发作后，吃东西胃痛，喝陈皮蜂蜜茶缓解 · 143

受凉、生气后胃疼小茶方：桂皮苹果茶 · 146

跌打损伤后，消除血肿、止痛，喝月季疗伤茶 · 148

受风后头晕，马上喝桂圆壳茶 · 150

九 调理常见皮肤问题家传小茶方

促进青春痘快速消除，喝丝瓜蒂茶 · 155

带有脓头的青春痘怎么消，喝果菊抗炎饮 · 158

预防胃热型青春痘，调理皮肤疮疡，喝清痘消炎茶 · 161

预防"成人痘"，喝三花陈皮茶 · 164

调理急性荨麻疹（风疹），喝桂圆壳茶 · 168

调理慢性荨麻疹，润肤止痒，喝抗敏酸梅汤 · 171

带状疱疹发作时，喝清毒利湿茶 · 174

预防皮肤湿疹小茶方：芹根甘草茶 · 177

皮肤过敏红疹、湿疹应急小茶方：鱼腥草榨汁喝 · 180

（十） 瘦身不要节食——调理六种 不同肥胖体质的家传小茶方

寒湿型肥胖："喝水都胖"、怕冷、经常莫名头痛，

喝祛湿瘦身"飞燕茶"（陈皮荷叶茶）·184

湿热型肥胖：吃得多、喝水多、痘痘多、便秘、怕热，

喝消肿瘦身"楚腰茶"（冬瓜皮荷叶茶）·188

痰瘀型肥胖：血压高、血脂高、特别爱睡觉，

喝消脂瘦身"惊鸿茶"（山楂陈皮荷叶茶）·191

痰热型肥胖：肥胖、假性口渴、容易上火，

喝清火瘦身"绿袖茶"（陈皮荷菊茶）·194

气虚型肥胖：虚胖、爱出汗、爱感冒、腹部松软、腿常水肿，

喝"补气瘦身茶"（黄芪茯苓水）·196

气滞血瘀型肥胖：全身不胖腹部胖、脸色暗沉，

喝"柠檬胡椒茶"·199

青春期肥胖：青少年皮肤油性爱长痘，便秘，有时咳嗽，

喝"抗痘消痰茶"（果菊清饮）·202

十一　补血调血小茶方

用脑过度、心血虚，常喝大补心血的"代参饮" · 206

气血两亏的人补血，用经典名方"补气生血饮" · 210

血瘀的人补血，用桂圆核桃茶 · 214

阴虚的人补血，喝乌梅大枣汤 · 217

防止血液黏稠小茶方：月季通脉茶 · 220

习惯性鼻出血，喝鲜松汁茶 · 222

十二　改善睡眠小茶方

入睡难，睡觉易醒——心血虚失眠，喝桂圆红枣茶 · 225

心烦、睡不着，伴有手脚心发热、睡觉出汗——阴虚失眠，

喝养阴安神茶 · 228

睡觉梦多、半夜醒——肝火大引起的失眠，喝舒肝解郁三花茶 · 231

双向调节，既能提神，又能改善睡眠质量，喝蜂蜜鲜松汁 · 234

十三　解酒的家传小茶方

千杯不醉茶：解酒毒，预防脂肪肝，喝烈性酒用的解酒茶 · 238

防止白酒上火，可随身携带的解酒饮料：醋梨解酒饮 · 242

酒后保肝，还能开胃解腻，喝桂香醒酒汤 · 244

(十四) 常见慢性病日常保养小茶方

慢性胃病小茶方：三焦健胃茶 · 248

有痛风，常喝老丝瓜茶 · 251

祛风湿，常饮松针茶 · 254

糖尿病人保健小茶方：枸杞麦冬茶 · 256

预防糖尿病慢性并发症，喝香椿茶 · 259

冠心病、高血压日常保养小茶方：降压白菊饮 · 262

气血亏虚、血压高，喝芹枣平肝茶 · 265

血脂高、血压高，常饮菊果降压茶 · 268

调理轻度脂肪肝，喝清肝降脂茶 · 270

动脉硬化日常调养小茶方：软化血管茶 · 273

调理慢性肾炎水肿，喝肾炎保健饮 · 276

(十五) 亚健康调养小茶方

身体瘦弱，温养脾胃小茶方：蜂蜜红枣茶 · 279

阴虚火旺小茶方：经典名方玄麦甘桔茶 · 282

心血管有瘀阻，保心脏，抗疲劳，喝柠檬鲜松汁 · 284

让身体始终保持通畅的茶方：通络保健茶 · 286

起床时脸肿，喝薏米消肿茶 · 289

（一）

旅途中快速自制
应急小茶方

在旅途中，身体容易出现各种平时没有的意外状况。这个时候身边可能没有携带相应的小茶包。此时不用慌张，正如家里的厨房是我们平时的"小药房"，在旅行中，随处可见的餐厅就是我们应急的"小药房"。

后面的应急小茶方，采用的都是餐厅常用的茶饮和调料原料。我们在用餐时，就可以顺便解决身体的突发小状况。

有的人一出门就便秘，但也有相反的人，在旅途中不敢吃生冷食物，一吃就拉肚子，而且是急性的，大便很稀，像水一样。

这种腹泻，可以喝姜丝绿茶调理。常有这种现象的人，也可以在吃饭时喝一杯来预防。

姜丝绿茶

【原料】
生姜或泡姜半块、绿茶10克。

【做法】
1. 把泡姜切成丝，或是把生姜清洗干净，带皮切成丝。
2. 姜丝和绿茶放在一起，沸水冲泡，闷3分钟后饮用。

【功效】
1. 调理寒湿水泻、急性肠炎。
2. 清肠毒，祛湿。

1. 旅途中遇到这种腹泻, 只要在就餐时点一壶绿茶, 再点一盘泡姜, 就可以自制这款茶饮了。如果餐馆没有泡姜, 就请他们切点姜丝。

2. 记住提醒服务员: 生姜最好带皮。泡姜经过腌制, 发散的功效没有生姜强, 不带皮也没有关系。

读者评论

1. 姜丝绿茶简直好用到不要不要的, 我和老妈都是受益者, 只要是受寒后腹泻, 喝了见效特别快, 还很舒服呢!

——ggsinging

2. 姜丝绿茶, 针对受寒腹泻很管用, 每次我都是喝一剂就见效。

——雪天

3. 偶尔在外边吃, 一旦吃得不合适, 喝两杯姜丝绿茶就管用!

——百合

4. 我早上起来拉肚子, 就泡姜丝绿茶来喝, 下午就不拉了, 很有效又不伤身体。

——粉红@期望

5. 一次出差在广州, 拉肚子很难受。突然想起陈老师的姜丝绿茶, 急忙到楼下餐厅要了一些姜片, 接着到超市买了绿茶, 用开水冲一杯暖暖的姜丝绿茶, 肚子咕噜咕噜叫, 顿时感觉又活过来啦。大爱陈老师的贴心小茶方!

——亲

6. 印象最深的是一次吃凉东西导致腹泻。平时我都硬挺着，但是去了五次厕所后终于坚持不住了，马上找出绿茶，切了姜丝，冲好，热热地喝了一杯之后，真的就没再拉肚子了，立竿见影！

——秋日的私语

7. 我有几次肠鸣、排气，立马泡一杯姜丝绿茶，喝一杯就好了。自己都忘记肚子不舒服这件事了！

——观心自在

8. 上周末，我上吐下泻，清水便，拉得我都虚脱了。想到了姜丝绿茶，赶紧冲泡喝下去，一会儿就止住了。大爱老师！以往这样一定要去医院打吊瓶的。

——碧水蓝天

9. 姜丝绿茶治拉肚子真的很管用！我可能最近吃得有点杂，昨天下午肚子疼，拉肚子，一杯姜丝绿茶喝下去，肚子就不咕咕乱叫，舒服了。一杯茶治好拉肚子真的很神奇。

——18群读者

10. 昨天早上儿子骑车上学，刚到学校就拉肚子，一早上拉了四次水状的，肚子疼，还咕噜响，回家还拉了两次。我就用10克绿茶，生姜切丝，用保温杯闷了3分钟，他喝完一杯后，没再拉。下午又喝了一杯，晚上9点拉了一次，已经不再是稀的了，今早起来再拉的已经成形了！

——8群读者

如果受寒引起下腹突然疼痛，用茴香盐袋热敷就会好点。如果在旅途中，找一家餐厅，要一小把小茴香和少许盐，马上泡杯怀香止痛茶，就能缓解症状。

小茴香能理气，凡是身体的下半部分出现寒湿、气滞、疼痛的情况，比如痛经、腰痛、肠痉挛、遗尿等，都可以用它调理。

怀香止痛茶

【原料】
做菜用的调料小茴香（古人称"怀香"）1勺、盐少许。

【做法】
1.把小茴香放入随身杯，冲入沸水，加入盐。
2.闷制20分钟后饮用，可以反复冲泡。

【功效】
1.调理受寒引起的下腹疼痛。
2.散寒、暖胃、理气、止痛。

允斌
叮嘱

有条件的话，用小茴香和盐煮水，效果更好。

读者评论

1. （老师的茶包小偏方）用过的都好！昨天有些腹痛腹泻，姜丝绿茶和茴香盐一泡就好了。
——柚子树

2. 茴香盐水治受寒胃痛，一杯水下肚，立刻暖暖的。
——百灵鸟

3. 半月前我曾肚子胀气，剧痛，热敷茴香盐包4个小时就恢复正常了。娃爸昨天吃了何香肚（陈老师的何香猪肚汤方）后腹泻3次。记得老师说过，吃何香肚腹泻的话，小茴香要加量。晚上到家煮了小茴香盐水给娃爸，今早肚子就不疼了。
——瑞丽

你是否有过这样的经历：平时在家好好的，一出门旅行就发现大便不那么畅通了。这是由于旅途中饮食不规律造成的。

很多人都有类似的困扰。如果出门时间长了，更是难受。这种时候，我的家人常用一个简单的小法子来应急。

外出吃饭的时候，点一壶菊花茶，再请服务员到厨房取一小碗面粉，就可以在2分钟内自制一款快速通便的茶饮。

面粉可以帮助排出肠道内的毒素，它有双向调节的作用。生的面粉冲水喝，有利肠通便的功效。而将面粉炒黄以后冲水喝，则可以调理腹泻。

利肠生面茶

【原料】
面粉30克、菊花茶半杯。

【做法】
1. 将面粉放入杯中，慢慢地倒入半杯温热的菊花茶。茶的温度不要太高，温的就可以。
2. 边倒水边用筷子将面粉和水搅拌均匀，使其变成稀糊状。

3.将面茶一次喝完。喝一两次就能见效。

4.可以在菊花茶里加适量蜂蜜，溶化后，再用来调面茶，口感更好。

【功效】

1.缓解旅途中大便干燥引起的便秘。

2.清肠热，排肠毒。

3.消除便秘引起的口腔异味。

允斌叮嘱	排便困难但大便不干燥反而稀软的人，以及长期便秘的人不适合饮此茶。

读者评论

有次出差，换了新环境，几天没有上大号，试了利肠生面茶，效果很好。

——Mary

面粉，做成面食是食物，而生吃则是一味药。这是我家秘传的一个方法，生面粉可以止鼻血。

有的人旅行中由于不适应干燥的气候，会突然流鼻血。这个时候不用慌张，马上找一家餐厅，要一些生面粉，就可以随手泡一杯止鼻血的茶饮。

面粉按传统的等级分为标准粉和富强粉。富强粉是精制过的，做出来的面食很白；标准粉做出来的面食没有那么白，所以价格也便宜。但我更喜欢标准粉，因为它保留的营养素稍多一些。有条件的话，最好用全麦粉，也就是含有麸皮的面粉，这样的面粉营养更全面，做茶饮效果也最好。

生面茶

【原料】
生面粉1/3杯、凉开水大半杯。

【做法】
1. 将面粉放入杯中，一边倒凉开水，一边用筷子将面粉和水搅拌均匀，使其变成稀糊状。
2. 将面茶一次喝完。

【功效】
1. 调理内热引起的鼻出血。
2. 通便。

读者评论

在大理参加陈老师的养生营，高原太干燥了，好几个人天天流鼻血。陈老师知道以后，让每个人喝了一杯生面茶，好神奇呀，当天晚上就不流鼻血了。

——雯雯

旅途中如果突然感觉嗓子发干、有点疼，想咳嗽，声音也有些沙哑，可能是咽炎发作了。在绿茶里面加入蜂蜜来喝，可以缓解这种不适。

蜂蜜绿茶

【原料】
绿茶、蜂蜜（槐花蜜最佳）。

【做法】
1. 泡一杯浓一点的绿茶，晾温后加2勺蜂蜜搅匀。
2. 每隔十几分钟喝一小口，尽量让茶水在咽喉处多停留一会儿，时刻保持嗓子的滋润。
3. 大约一天，咽炎的症状就可以缓解了。

【功效】
缓解咽喉疼痛。

允斌叮嘱

1. 绿茶要泡得浓浓的，目的是加强清热去火的作用。
2. 适合咽炎急性发作者（嗓子干疼、想咳嗽、声音嘶哑）。
3. 爱抽烟的人、长期患有慢性咽炎的人，平时喝茶的时候也可以加些蜂蜜，这对咽喉有保护的作用。

读者评论

1. 按陈老师说的，绿茶蜂蜜水喝了两天，嗓子好多了。感谢陈老师，感恩遇见你。

   ——大连小威

2. 连续三天晚上睡觉咽口水时嗓子疼，昨天晚上3点多疼得睡不着，索性起来泡了杯浓浓的绿茶，又加了2大勺蜂蜜，按照老师的说法慢慢地喝了。回到床上躺着，不到半个小时咽口水嗓子就不疼了。真是太好了！

   ——14群读者

3. 喝绿茶蜂蜜水，后又加了陈皮，感觉咽喉舒服多了，晚上睡觉也没有那么干痒了！

   ——29群读者

4. 我的咽炎一直很严重，采用打消炎针、雾化、吃中药等各种方法都不见效，看了允斌老师的蜂蜜绿茶，尝试着喝了三天，嗓子明显感到轻松。小方法治大病！

   ——阳光地带

5. 蜂蜜绿茶真的好！嗓子疼已经有十来天了，一直喝中药，还在喝鱼腥草。昨晚突然嗓子很痛，吃了消炎药和抗病毒的药睡了。凌晨4点多再次被痛醒，吞咽的时候嗓子很疼，无法入睡，于是起床熬了鱼腥草茶，还泡了杯蜂蜜绿茶，按老师的方法慢慢咽下，仅几分钟嗓子疼就得到缓解，然后美美地睡了一觉。刚醒来，发现嗓子好多了，吞咽还有一点儿疼。今天继续喝蜂蜜绿茶和鱼腥草罗汉果水。

   ——29群读者

平时牙不痛，出外旅行突然牙痛，一般来说属于虚火牙痛。

虚火牙痛往往没有实火牙痛那么厉害，就是觉得牙根那儿隐隐作痛，红肿也不严重。

虚火牙痛是受寒凉引起的。坐车、坐飞机，人很容易受寒，抵抗力下降，有的人会长痘，有的人就会牙痛。

我家有一个小秘方，对虚火牙痛特别管用，就是胡椒粉煮鸡蛋。

在旅途中不方便煮，可以把这个方子变化为简易的归原止痛茶。任何餐厅都能找到这两样原料。

归原止痛茶

【原料】
胡椒粉1小勺、生鸡蛋1个。

【做法】
1. 把鸡蛋打散，放入胡椒粉，搅匀。
2. 冲入沸水，一边冲一边搅拌，把鸡蛋冲熟。

【功效】
1. 调理受寒引起的虚火牙痛。
2. 引火归原。

1. 每次牙痛,只要喝两次就好了!《茶包小偏方,喝出大健康》这本书很实用,物超所值,值得珍藏!

——秋水伊人

2. 胡椒粉煮鸡蛋这个茶方太有效果了,早上喝一次,到了晚上牙就不疼了,我试了好多次。

——和风细雨

3. 有天听我老父亲嘟囔一句牙疼,我问了症状判断是虚火导致的,第二天早上就用胡椒粉煮鸡蛋做给他吃,本想隔天早上再做点,可当天晚间他说牙疼已经好了!看来我们平时正确判断问题很重要,只要对症,老师的方子就是灵丹妙药!从那次以后我老父亲不像从前那样抵触顺时饮食了!只要是顺时饮食,给他吃啥他都吃!

——暄

4. 晚上喝了归原止痛茶,第二天早上起床牙龈肿痛就消失了。

——紫苏

5. 归原止痛茶,我妈妈喝了两次就好了。以前牙疼一发作就要好久,很痛苦,现在很快就好。

——澜羽

6. 牙龈疼、身上冷,判断是虚火。我煮了胡椒粉鸡蛋,吃完不疼了。

——培培

7. 一位同事牙疼,我判断是虚火,让她用胡椒粉煮鸡蛋,一开始她不相信我,可是过了一个星期都没好。于是按照我的方法做了胡椒粉煮鸡蛋,吃了一次就有效果。

——cailyn

8. 我是前天晚上感到牙龈肿痛, 也没管它, 昨天以为多喝水就会好, 结果昨天下班的时候严重到嗓子都痛了, 半边脸都肿了。回到家赶紧用胡椒煮鸡蛋来吃, 晚上睡觉时就感觉好点了。今天早上又煮了一个吃, 现在嗓子不痛了, 牙龈也好很多了。

——9群读者

9. 感觉有点虚火, 牙龈肿, 喝完胡椒蛋很对症, 立马不疼了。

——23群读者

10. 下午牙又痛, 马上喝了一碗胡椒粉冲鸡蛋, 现在已经好多了。

——暖暖

11. 前天下午公公回来牙疼得厉害, 哪儿哪儿都不合他意, 凶着脸! 我突然想到老师说的虚火牙疼, 可以用"生鸡蛋胡椒粉", 开水冲熟就能缓解。我立马行动, 先冲一碗, 让他喝了, 之后我就去忙着辅导宝贝了。后来看到公公有说有笑的, 问他感觉怎么样, 他说好很多, 基本不疼了!

——27群读者

12. 昨晚10点钟左右, 觉得牙龈肿痛。这段时间太忙并熬夜, 肯定是虚火上升, 马上煮胡椒粉鸡蛋吃, 今天早上起床牙龈就不痛了。

——小米

13. 昨晚牙疼, 赶快按照老师说的胡椒粉煮鸡蛋, 吃了一会儿感觉不是那么疼了。今早起来, 就没有疼的感觉了, 好高兴。

——5群读者

14. 前几天牙齿痛, 知道是长智齿虚火引起的, 脸也肿起来了。先是喝了一次归原止痛茶, 好很多了, 但到了晚上牙痛发冷。老师说长智齿不是智齿本身的错, 而是被智齿撑开的牙龈被细菌感染了。第二次喝归原止痛茶, 又得到了缓解, 刚巧老公在喝白酒, 高度白酒可以杀菌, 我也喝了一口含在嘴里, 把牙齿痛的位置泡上, 疼痛慢慢减轻了, 没再喝归原止痛茶了。连续两天含了三次白酒就完全好了, 嘴角也不肿了。感谢老师教会了我们用如此简单易得的方法自己调理疼痛。

——28群读者

15. 孕晚期, 牙疼了几天, 今天早上家人不在, 自己煮的面条, 加了两个鸽子蛋, 又加了很多胡椒粉。吃完睡了一觉, 醒来后发现疼的那颗牙齿居然不疼了。

——9群读者

16. 老公牙痛, 给他吃了胡椒粉煮鸡蛋, 现在减缓了好多。

——Katie

17. 昨天晚上牙疼，不肿，判断是虚火型，就煮了胡椒鸡蛋汤，忍着辣喝完。过了半小时疼痛减轻，今天完全好了。感恩老师的食疗方子，简单有效。

——Betty 舍予

18. 上火严重，今天买到胡椒，做了胡椒炖鸡蛋，还贴了茱萸贴，1个小时左右喉咙就不疼了。我觉得很好，吃药也没这么快。

——37群老友

19. 我前天吃了很多杏，上火，舌头有个小小的溃疡，喝了黑胡椒煮鸡蛋，今天已经好了。

——51群暖暖熏熏

20. 昨天牙疼，吃了一次胡椒鸡蛋汤，今天好多了，早上又煮了一碗。

——斌斌

21. 前几天吃凉的吃得太多，脸上冒出好多痘痘。原以为是上火，看了《茶包小偏方，喝出大健康》中有个偏方胡椒粉煮鸡蛋，可以调理脸上长痘痘，还可以治虚火牙痛，就试了一下。结果吃了两次，脸上的痘痘明显消除不少。

——春夏秋冬

22. 今早外甥女牙痛，我做了白胡椒荷包蛋给她吃，效果很好，吃了就不痛了。谢谢陈老师！

——温馨

这是方便出行时使用的茶方。去外地出差或旅游的时候，随身带点陈皮。如果出现水土不服的现象，可以在吃饭的时候跟餐厅要些做配菜用的香菜，加上陈皮一起泡水，喝一两次就见效了。

芫香行人饮

【原料】
香菜（芫荽）3～5棵、新鲜红橘皮或川陈皮1个。

【做法】
1. 香菜用加面粉的清水泡10分钟，洗净，连根一起切碎；橘皮切成丝。
2. 把香菜末和橘皮丝一起放入杯子，冲入沸水，闷5分钟后饮用。

【功效】
1. 激发脾胃的消化能力。
2. 防治水土不服。

读者评论

1. 出差旅行茶包中姜丝绿茶、菊花绿茶、芫香行人饮等都不错，食材方便携带，也容易找到，立马见效。

——snow

2. 老公前几天喝了酒之后下午去公园转了一大圈儿，回来后就一直恶心呕吐，还有点拉肚子。因为那天的风特别大，我想应该是肠胃型感冒。对照了一下老师书上写的，跟这种情况很像，就给他煮了香菜陈皮水喝。只喝了一天，第二天就不呕吐了，只是还有一点恶心。他自己都说怎么这么管用。

——12群读者

风热感冒初起：旅途中突然感觉头晕目眩，
咽喉微痛、干咳，赶紧喝菊花绿茶饮

　　风热感冒初起，如果在外不方便调理，用餐时可
以向餐厅要一点菊花和绿茶，将两者混合饮用。

菊花绿茶饮

【原料】
菊花8～16朵、绿茶1克、蜂蜜适量（荆条蜜或洋槐蜜较佳）。

【做法】
1. 把菊花和绿茶放入杯中，冲入沸水，加入蜂蜜，3分钟后饮用。
2. 每次喝1杯，可以冲泡3～5次。

【功效】
1. 调理风热感冒引起的头晕、咽喉痛、干咳。
2. 清热，排毒。

允斌叮嘱

这个方子用黄菊花效果更佳。大朵的金丝皇菊可以只用2～4朵。如果只有白菊花，可以多放几朵。

读者评论

1. 调理风热感冒的菊花冰糖绿茶很管用，出差在外，碰上咽喉疼、嗓子干，喝了立刻缓解。
　　　　　　　　　　　　　　　　　　　　　　　　——依山绕水

2. 在外出差或旅游容易上火，会感冒喉咙痛，就用绿茶1克、菊花7～8朵（可根据自己情况增减）、蜂蜜适量，效果很好。公司去旅游时很多同事受益，都赞不绝口。
　　　　　　　　　　　　　　　　　　　　　　　　——27群读者

允斌解惑

水问：茶方书中要用到蜂蜜的，有些没有写用哪种蜜，是什么蜂蜜都可以吗？

允斌答：应急的茶方，手边有什么蜂蜜就用什么蜂蜜。平时有条件时，可以讲究一下蜂蜜的品种。不同的蜂蜜，功效有一点区别。可以参考《回家吃饭的智慧》第四章中"不同蜂蜜的功效"。

风寒感冒初起：旅途中突然感觉怕冷、恶心、流清鼻涕，马上喝芫香散寒饮

香菜和姜是一般餐厅常备的两种配菜，很容易找到。记住这个配方，外出时可以用来应急。

有的人感冒后调理不当，呼吸道的炎症没有好，会在心胸部位留下积液，影响心肺功能。有的会产生胸闷的感觉，甚至睡觉时心脏怦怦跳把自己吓醒。香菜能帮助预防这种感冒后遗症，祛除心肺的积液。

芫香散寒饮

【原料】
香菜（芫荽）3～5棵、去皮生姜3片，若有条件可以加一个川陈皮。

【做法】
1. 香菜用加面粉的清水泡10分钟，洗干净，连根一起切碎。
2. 把香菜末和生姜片一起放入杯子，冲入沸水，闷5分钟后饮用。

【功效】
1. 防治风寒感冒初起（头痛、怕冷、流清鼻涕）。
2. 发散风寒。

允斌 叮嘱	1. 煮姜汤要注意，姜要去皮，才能起到发汗的效果。
	2. 生姜不要久煮，水开后下锅，煮3分钟就好。煮的时间长了，姜发散风寒的效果就差了。如果是暖胃、祛胃寒，姜就可以多煮一会儿。

1. 我经常出差，劳累，抵抗力低下，一不小心就感冒了。去菜市场买了一小块姜和一小把香菜，借了酒店的锅子煮开一锅，在房间喝了就睡了。捂紧被子发了一身汗，第二天起床一身轻松，像是没有感冒过一样。头痛、怕冷、流鼻涕的症状都消失了。

——23群读者

2. 女儿浑身乏力，没胃口，还发冷，用老师的方法，陈皮、生姜、香菜煮水治好了。

——心怡

3. 已经好多年了，无论哪个季节早上妈妈都会有清鼻涕，遇到季节性感冒，也特别容易感染，我就让她喝这个水。喝了两次，又咳嗽又吐痰，吐了好多痰，后来清鼻涕也不流了，现在身体好多了。书中太多好用的方子，说也说不完。

——读者朋友

4. 香菜现在家里是少不了的。有一次孩子感冒发烧，单位食材欠缺，只有香菜和陈皮，就先做了一杯给孩子喝。没想到简单的食材搭配，效果却很惊人，连喝了两大杯，孩子的精神好多了！

——海燕

受风寒后预防感冒：旅途中受风寒，突然头痛、胃部冷痛，
餐馆里要一杯胡椒糖茶

　　在家调理感冒不难，出差或旅行时则不太方便。如果外出时感受了
风寒，不要硬扛着，可以因地制宜，用手边
能找到的材料及时调理，防止感冒。

胡椒糖茶

【原料】
白胡椒粉1/4勺、红糖适量。

【做法】
将白胡椒粉和红糖放入杯中，冲
入沸水，搅匀，闷2分钟后饮用。

【功效】
温胃祛寒，调理胃部受寒后冷痛、腹泻。

允斌叮嘱	胡椒粉是每家餐馆必备的调料，很多餐馆还会直接放在桌面上供客人随意取用。如果受寒，吃饭时顺便用它来泡水，预防感冒再方便不过了。

读者评论

1. 有一次我在外面着了凉，回家路上一直想着用桂圆壳煮水，回家后太阳穴胀得很
   痛，等不及桂圆壳煮水了，直接用了出差救急方胡椒粉红糖水，边喝边在心里嘀
   咕，要是没用怎么办。结果刚喝完，我一站起来就不痛了，把自己给惊着了，呆呆
   地站在那儿想，这是不是幻觉。

   ——琴

2. 胡椒糖茶和菊花绿茶已经成为我每次出门行李中的必备品了。以前会备些感冒
   药，现在不论在家还是出门，再也不怕感冒啦，备着这些又安心又放心。感恩
   老师。

   ——ggsinging

3. 肠胃受凉就会腹泻、腹痛,喝胡椒糖茶立竿见影!!

——南希

4. 夜里空调温度开得有点低,早起头疼,有点畏寒,没起床,用热盐袋捂了半个小时后背,没出汗,头还是疼得厉害。又翻了老师的书,感觉胡椒红糖茶比较省事,又符合我的症状,立马喝了半碗,微微地出了汗,慢慢头就不疼了,没到中午就完全好了。有老师的书在手,小病小灾的就不怕了。

——43群读者

5. 昨晚泡脚后不小心吹到风了,今天早上就流清鼻涕。用烧开的米酒冲胡椒、红糖喝下去,出汗后缓解很多。中午上床睡了一个小时,下午就好了。

——阿凤

6. 今天小朋友感冒发烧,但是无汗,喝了胡椒红糖水,马上发汗,体温就降下来了。

——琳

防流感应急茶方: 姜醋抗病饮

这是一款方便且随时随地可用的方子，只需要一些姜、醋和糖就能自制抗感冒的茶饮了。

姜醋抗病饮

【原料】
带皮生姜3片、米醋1汤匙、红糖适量。

【做法】
生姜不要去皮，切3大片。和米醋、红糖一起放入随身杯，冲入沸水，闷5分钟后饮用。

【功效】
预防流感，抗病毒，增强免疫力。

允斌
叮嘱

1. 红糖是温性的，热性体质的人要慎用，吃多了容易生湿热。

2. 小孩子不适宜多吃红糖。

喝啤酒防止伤胃, 喝盐橘解酒茶

　　有些朋友经常遇到突发的应酬, 在没有准备的情况下饮酒。我教给他们用水果自制应急解酒茶的方法, 朋友们用了以后都觉得很方便。

　　在身边没有现成解酒茶包的情况下, 向餐厅要几个水果, 就可以自制水果解酒茶了。

盐橘解酒茶

【原料】
新鲜橘子2个、食盐4克。

【做法】
1. 首先把橘皮清洗干净（简易清洗法: 把橘子放入茶杯里, 倒入餐厅提供的热茶水, 浸泡10分钟, 再用热茶水冲淋一遍）。

2. 用一半的食盐撒在橘子表皮上轻轻揉搓半分钟，冲洗一下，然后剥下橘皮。

3. 把橘皮放到空杯子里，加入另一半盐，冲入沸水，闷10分钟后饮用。可以冲泡2次。

【功效】

1. 开胃，化痰，通便，预防感冒。

2. 饮酒前后喝都有解酒的作用，对喝啤酒醉酒特别有效，可以防止啤酒寒凉伤胃。

3. 消除喝酒后的口腔异味。

允斌叮嘱 如果能向餐厅的厨房要些面粉，最好把橘子皮用加面粉的清水泡10分钟，再清洗干净。

读者评论

试用过一次这个方子。因为我不会喝酒，聚会又不得不喝，所以提前喝了老师的小茶方。平时啤酒两杯倒的我，这次竟然还可以清醒着自己回家，第二天胃也没有那么难受。分享给亲戚朋友后，都说很管用。

——15群读者

喝白酒防止伤胃，喝酒后恶心、没食欲，喝苹果醒酒茶

　　喝酒后当晚或者第二天，有的人会觉得肠胃不舒服，恶心、没有食欲，如果在家，可以做一碟糖醋萝卜来调理。如果在旅途中没有条件，那么用一个苹果，也可以随手自制一杯醒酒茶。

　　有些水果寒凉伤胃，而苹果却是养脾胃的。苹果能调和脾胃功能，既开胃，提升消化功能，促进营养吸收，又能降血脂，帮助身体排出毒素。

苹果醒酒茶

【原料】

新鲜苹果1个、蜂蜜适量。

【做法】

1. 苹果用加过面粉的清水泡洗10分钟。

2. 连皮带核切成小丁，用开水壶煮开。

3. 加适量蜂蜜饮用，连同苹果一起吃掉。

【功效】

1. 醒酒，缓解酒后恶心不适、食欲减退。

2. 生津止渴，消除腹胀。

3. 滋养皮肤。

读者评论

1. 《茶包小偏方，喝出大健康》这本书很实用。记得我家孩子高三时，有次我给她做了甜酒煮鸡蛋，当时头昏不舒服，在家睡了一天。我反复查阅了这本书，猜测可能是吃甜酒醉酒，试着用了苹果醒酒茶方。没想到一杯苹果水喝下去，立竿见影，孩子高兴地告诉我，头昏不适感立马消失了，能够学习了。老师的茶方的确使人心悦诚服。

——枫

2. 没喝之前一直在吐，头晕头疼；喝完之后出了一身汗，精神立刻好起来，现在清醒了。

——22群读者

（二）

调理感冒、发热（发烧）的家传小茶方

感冒先分寒热，吃错药影响一辈子健康

有很多中成药都能治疗感冒，但不能抓到什么用什么。要仔细看看说明书，这个药到底是适用于风寒感冒，还是风热感冒。

调理方法选错，可能影响我们后半辈子的健康。对于孩子来说更加重要，不要让感冒影响到孩子的成长。感冒调理好，不留后遗症，就是给孩子 生的健康打下一个好的基础。对付感冒，首先要分清寒热，这个绝不能错，否则会南辕北辙。

读者评论

1. 孩子前年、去年的前半年总是感冒吃药，也不管风寒风热就给一堆药。后来根据老师的方法加以辨别，对应使用一些简单的食方，今年春天体重和身高都长了。

    ——14群读者

2. 有了孩子后，小孩经常感冒发烧，我也没有经验，每次都去医院开各种药吃，后来就对药物过敏了。机缘巧合下，又看到了陈老师的书，果断下手，真是买了一本又一本，看了书后受益颇多。我经常用的是感冒方面的小茶方，孩子大多是被传染的，每次都仔细辨证是寒，是热，还是积食，对症之后效果真的很明显。告别各种感冒药，通过食疗效果更好，不易反复！

    ——小渔饵

3. 我每次得了感冒都是用老师的方子应急，现在吃药越来越少了。

    ——丽娟

4. 上个月感冒，扁桃体发炎，挂水三天，吃药三天，炎症始终未消除，一直有痛感。大概二十天左右，无意中看到老师的文章，用鱼腥草煮水喝了三天，炎症没了，感冒好了，太神奇了，

    ——喜沁207

风寒感冒小茶方

分辨风寒感冒的小窍门

一、看嗓子。嗓子不疼，只是发痒或没感觉，一般是风寒感冒。

案例：读者经验

昨天下午在办公室头有点疼，感到发冷，还打喷嚏，感觉要感冒了。下班回家后赶紧翻看了老师的书，对症是风寒感冒，立马煮了去皮姜汤。睡觉前又煮了葱姜陈皮水，喝了一碗，全身立马热乎乎的。今天早起竟然好了，感冒的症状都没了，太神奇了！

——4群读者

二、看分泌物。痰或鼻涕白色清稀。

案例：读者经验

昨晚有点凉，孩子半夜踢被子，早上起来有点清鼻涕，没有其他症状。我只煮了点葱白水让他趁热喝了，午觉起来一点事也没有，好了。老师的方子只要及时用对，效果没的说。

——期待

三、看体温。发热（发烧）慢，温度不高。

案例：读者经验

昨天中午女儿放学回家，说头晕，脸上发烫，怕冷，体温38.6℃，就给她煮了葱姜陈皮水喝，然后用姜煮水泡脚。泡完脚隔了大概20分钟，体温降到37.4℃了，到晚饭后就是37.1℃了。今天早上起来正常，太开心了。简单的食材搭配起来这么神奇有效。

——读者朋友

允斌叮嘱

多数情况下，感冒都是从风寒感冒开始的，风热感冒很多也是从风寒感冒转化的。很多人吃错感冒药往往是在风寒感冒初起时，用了治风热感冒的药。一开始错了，以后调理就难了。

读者评论

感冒生病了，怎么办？打针、吃药、输液？我们的思维已经固化了。直到今年6月4日，我家小孩着凉夜里发烧，用正宗的川陈皮，加葱须、葱白、姜煮水喝，硬是把39℃的体温给降下来了，只用了4小时。因为有经常性支气管肺炎，早上还是去了医院，查血象是炎症引起的，医生说不住院还会发烧。我们就按照书里的方子继续调理，再没发烧，病情也没有再恶化了。为了孩子，我们第一次对权威有了怀疑的胆量。

——22群读者

041

风寒感冒：低热（低烧）、怕冷、不出汗、头痛、鼻塞，
喝姜葱陈皮水（感冒通鼻饮）

姜葱陈皮水

【原料】

葱白连须3根、生姜3片、川陈皮1个、红糖适量。

【做法】

1. 把葱的葱白部分连同下面的根须一起，用加面粉的清水泡洗10分钟。用手抓住葱白，把根须的部分在水盆中顺时针转动几次，再逆时针转动，这样可以把根须上的泥沙冲洗干净。洗干净后可以立即使用，也可以晒干保存。

2. 川陈皮用清水泡软。生姜去皮，削成片。

3. 把葱白连须、姜片、川陈皮、红糖一起放入随身杯中，用沸水冲泡，闷10分钟后，一次喝完。有条件煮一下更好。

4. 饮用后会微微出汗，注意避风防寒。

【功效】

1. 调理风寒感冒（怕冷、头痛、无汗、鼻塞、流清鼻涕）。

2. 祛风寒，通鼻塞。

允斌
叮嘱

1. 趁热喝。如果能吃得下去，把葱白和葱须一起吃掉，效果更好。

2. 平时有胃热的人，不要把姜片吃掉，以免上火。陈皮的味道有点微微的苦和辛辣，可以吃也可以不吃。

3. 喝了葱姜陈皮水，记住这时候一定不能受风，否则寒气又会进入身体。

4. 风寒感冒调理的重点是让人出汗，所以葱姜陈皮水只要喝一两次，最多三次，出了汗，散了寒，感觉好转就可以了。

1. 我是寒湿体质，每次感冒都是风寒，流鼻涕，打喷嚏，鼻子不通，身体感觉冷，浑身难受，头疼，但只要一喝这个感冒通鼻饮，最多两次就好了，效果棒棒的。

——简单

2. 感冒通鼻饮特别管用，我家孙子快6周岁了，从来没打过针，这个用得最多。

——转

3. 儿子受凉发起了低烧，体温37.5℃，我马上煮了姜葱陈皮水，第一次喝完降了1℃，3个小时后又升到了38.5℃；我又煮了一次给他喝，在这期间多给他喝水，2个小时后降回37.2℃。然后泡脚睡觉，第二天早上起床后就可以去上学了。感恩陈老师，让我的小孩避免了退烧药对身体的伤害。

——美

4. 偶尔在电视上看到老师讲风寒感冒的食疗方——感冒通鼻饮（葱姜陈皮水），已经六七年了，我和孩子都很受用。孩子大学宿舍都备着我晒好的葱白连须和晒干的橘皮，身边的朋友都说这是神水。

——晴天

5. 这款调理风寒感冒的通鼻饮，喝了效果杠杠的。之前感冒了，喝了马上见效。

——玫瑰

6. 我用的最见效的方子就是葱姜陈皮水。风寒感冒初起时，只要晚上喝了葱姜陈皮水，立马见效，第二天马上就精神了。然后配合着鱼腥草、甘草梅子汤、罗汉果、牛蒡等把后遗症也给清理了。冬天的那次流感好多人连续咳嗽了很长时间，但是我最多三天，就爽爽利利地好了。

——岩

7. 生姜葱白带须陈皮煮水治风寒感冒特好使。只要是鼻塞或流清鼻涕，或喉咙痒，身体感觉有点怕冷的症状，就用这个方法，管用。

——一抹微笑

8. 这个茶方很灵。昨晚女儿说头痛，鼻塞，还时不时地打喷嚏，舌苔有点白，看样子是受了风寒。我立马找到允斌老师的茶方，对照书中所说的方法去做，在厨房找到葱白、生姜、陈皮、红糖，煮了一碗热乎乎的汤水，给女儿喝下，真希望不要半夜发烧。结果一夜睡到天亮，我女儿早上起来说头不疼了，鼻子还有点塞，我又煮了一碗给她喝下，她就去上学了。下午回来看样子是没事了。

——彭玲

9. 葱姜陈皮水效果超级棒，基本上每次指导家人和同事都一次成功。日常用的小方子基本都是药到病除。

——叶子

10. 那天我在医院待了一天，第二天早上突然就打喷嚏、流鼻涕，鼻头很痒，感觉像是病毒性感冒。早上出门比较着急，就在保温杯里泡点葱姜红糖水。后来一直没怎么出汗，下午就感觉严重起来了。晚上回家又煮了葱姜陈皮水，喝完就睡觉，感觉身体一阵一阵地潮热，之后微微出了点汗。隔天早上起来只打了三个喷嚏，不流鼻涕了，感觉已经好了百分之八十了。再过一天就完全好了。

——茉茉

11. 女儿初三，这两天感冒发烧，照着老师的方子——葱姜陈皮水，喝了两次就退烧了，太感谢了！

——英子

12. 昨天就流鼻涕了，今早买了葱、陈皮，姜去皮，一起煮了一大碗水，趁热喝下，马上就出汗了，轻松点了。

——大宇小俊妈

13. 在这个寒暖交替、忽冷忽热的季节，稍不留神，就会被邪风伤到。这不鼻子堵了，还喷嚏不断，浑身冷。好在有陈皮葱姜水，总能在我感冒时，助我祛邪，还我健康。老师的小妙方，简单却很实用！

——法图麦&杨

14. 我前天下午吹了点寒风，当时觉着后背发冷也没当回事，昨天早上喝了生姜红糖水也不见好，到晚上就觉着浑身没劲，腿有些酸疼。今早生姜、葱白连须、陈皮、红糖煮水喝了一碗，觉着微微出汗浑身热乎，接着葱白连须也吃了，今天感冒的症状就没有了，鼻塞也好了。感谢老师的感冒小药方。主要是用对，一定要放陈皮，不然效果不会这么好，亲身体会！

——13群读者

15. 大宝前两天鼻塞很严重，流涕，咳嗽，我就用老师教的陈皮葱姜煮水，让她喝了一次，放学回来就好了。然后她开心地说，妈妈明天再喝一次吧。以前是逼着她喝的，现在很自然地都接受了。

——3群读者

16. 对于我而言，最神奇的还是葱姜陈皮水。之前出差喝凉啤酒、吹空调凉着了，去超市花了8块钱买葱、姜，煮水喝，我和同事没有吃一粒药就全好了。

——22群读者

风热感冒小茶方

分辨风热感冒的小窍门

一、看嗓子。嗓子疼，一般是风热感冒。

　　风热感冒初起，往往最先感觉到的就是嗓子疼。所以一旦觉得嗓子有点疼，马上用食疗祛风热（手边有什么就用什么），就能及时防止感冒发展。

案例：读者经验

前天晚上感觉头有点晕，像是要感冒了。第二天起来果然喉咙有点不舒服，我每次感冒就是先喉咙痛。想起老师说的风热感冒可以用牛蒡茶，我拿了半包泡水，昨天喝一次，今天早上再喝一次。现在喉咙没啥感觉了。

——12群读者

昨天我老爸老妈都喉咙痛，身子有些乏，应该是风热感冒初起征兆。上午给他们泡了蜂蜜绿茶喝了，下午又给他们煮了荠菜水喝，今天全都好了，效果太赞了！

——桑小陌

昨晚洗澡受凉了，今早起来嗓子疼，赶紧煮了荠菜水喝下去，2个小时后症状慢慢消失。又煮了鱼腥草水巩固一下，把感冒的苗头扼杀在摇篮里了。真是见证奇迹的时刻。

——碧水蓝天

二、看分泌物。如果有痰或者鼻涕，黄色、浓稠的，属于风热感冒。

案例：读者经验

我感觉热伤风好几个月，平时不流鼻涕，到早上起来有黄鼻涕、黄痰，鱼腥草喝了一周，又跟老公喝罗汉果、鱼腥草、牛蒡，现在黄鼻涕淡了，嗓子黄痰也少了。

——xiaona

三、看体温。风热感冒一开始就容易发热（发烧），而且温度比较高。

案例：读者经验

女儿大前天风热感冒，前天单位里吹空调又着凉了，回到家发烧38.5℃。去医院检查白细胞超高，医生给开了头孢等抗生素，因感觉孩子已在退烧，就没取药，回家煮了鱼腥草茶给她喝。昨天早上醒来人舒服多了，烧也退了。

——彩虹

昨天女儿来电话说高烧39℃，没有别的明显症状。我丫头（一个在校寄宿的高中生）平时回家也挺喜欢看老师的书，于是她去买了干品鱼腥草煮水喝了睡觉，今天老师说已经没事了。

——8群读者

> **允斌叮嘱**
>
> 1. 感冒是会转化的。风寒感冒到后期有些就会转化为风热感冒。如果感冒调理了两三天没有完全好，还继续用同一个方法，那就可能是不对的。
> 2. 感冒，往往容易在气温高的时候从风寒转为风热。对于年轻人和小孩来说，体内的阳气足，也很容易从风寒感冒转化为风热感冒，所以我们要随时观察自己身体的表现，根据感冒的发展状况及时调整方法。

案例：读者经验

夏天炎热，宝贝容易得风热感冒。自从看了陈老师的书，每次都是喝鱼腥草水，没吃过感冒药，不用担心副作用，效果非常神奇。

——蔡大

读者评论

最近由于换季，身边感冒咳嗽者很多，我和二宝也不慎着了道。从流涕开始，我用葱、姜、陈皮，加鱼腥草煮水喝，成功地控制住了。但是几天后开始咽喉不爽，女儿也开始咳嗽，我就煮了罗汉果、柿蒂和牛蒡茶，慢慢地什么时候好了都不晓得！对症就是这么见效！

——6群读者

> **允斌点评**
>
> 一开始是风寒症状，几天后转为风热症状，这位读者根据感冒的转化及时调整食疗方法，对症调理，效果就很好。

防治风热感冒引起的咽喉肿痛，喝牛蒡茶

有的人风热感冒后，容易并发扁桃体炎症，咽喉肿痛。为了预防，可以提前喝牛蒡茶。

中医用牛蒡的种子入药，叫牛蒡子，用来治疗咽喉肿痛。牛蒡也有这个功效。扁桃体发炎红肿时，可以把新鲜的牛蒡洗刷干净，榨汁来喝，可以消肿。

牛蒡茶

【做法】

1. 用沸水冲泡牛蒡茶（自制牛蒡茶的方法见本书顺时强身篇95页），闷10分钟后饮用，有条件煮水更佳。

2. 可以反复冲泡几次，然后将牛蒡吃掉。

允斌点评	1. 如果没有榨汁机，牛蒡直接吃也是可以的。
	2. 生牛蒡消肿的作用更强。牛蒡炖熟后，它消肿的效果就减弱了，适合用来润肠、通便、排毒及日常保健。

1. 我做过扁桃体切除手术，但术后那个地方还经常疼，西药、中药都没少喝，有医生还让我再做一次手术。幸好我遇到了陈老师，买了老师的好几本书，看后觉得鱼腥草茶和牛蒡茶很适合我，我嗓子疼喝两天就好了，到现在已经两年多了没有再去看医生、拿药，真是太感谢陈老师了！

——喜气洋洋

2. 感冒后喉咙痛，扁桃体发炎，声音嘶哑。喝了牛蒡茶，第二天好很多，第三天基本全好了！以前肯定要吃抗生素！

——雪儿

3. 这个牛蒡茶真有效，这几天嗓子不舒服，说话说到一半声音就出不来了，刚喝几口竟然可以说完一整句话了，陈老师太厉害了！

——9群读者

4. 前一阵感冒好了后，嗓子却一直没有好，扁桃体发炎，咽喉肿痛得咽口水都困难。按照老师的方子买了一根牛蒡，自制牛蒡茶，连续喝了两天，扁桃体消炎了，喉咙也完全不疼了，连感冒头昏昏沉沉都好了，脸上的水肿也消退了，不敢相信！

——王翠

5. 牛蒡和罗汉果对我儿子特别好使，风热感冒、咳嗽黄痰都是用这个方子搞定。

——Jenn

6. 昨天嗓子发炎，喉咙疼，声音哑了，喝了陈老师的牛蒡汁，今天好了！

——田亮

7. 我冬天喝补心养阳汤后第二天喉咙痛得不行，然后看留言说是外感，要吃牛蒡。喝了一杯浓浓的牛蒡茶，到晚上睡觉时就不疼了。

——木兰花

8. 我家小外孙昨天嗓子疼得一直哭，扁桃体红肿溃疡。今天早上我用了一根牛蒡榨汁，一上午喝了一杯，就是一会儿喝一点，睡醒午觉后再看，嗓子一点都不红了。太神奇了，什么药都没吃。

——孙惠敏

当我们吹空调受了点凉，或是淋了雨，同时又吃了生冷瓜果或是难消化的食物，就有可能得肠胃型感冒。肠胃型感冒常用的中成药是藿香正气水，但药味比较辛烈，很多人特别是小孩喝不下去。这款茶饮具有类似的作用，对于轻度肠胃型感冒有效。

芫香正气水

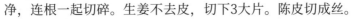

【原料】

香菜（芫荽）3～5棵、带皮生姜3片、川陈皮或鲜红橘皮1个。

【做法】

1. 香菜用加面粉的清水泡10分钟，洗干净，连根一起切碎。生姜不去皮，切下3大片。陈皮切成丝。

2. 一起放进杯子，冲入沸水，闷5分钟后饮用。有条件煮水更佳。

【功效】

1. 防治肠胃型感冒（感冒后恶心呕吐，或拉肚子）。

2. 散寒暖胃，帮助肠胃排毒。

1. 我感觉芫香正气水比藿香正气水的疗效还快，治好了我家小外甥女及爸爸、妈妈的肠胃感冒。妈妈是每天吃完饭后胃胀气，很难受，吃了好多胃药都不见效。正好爸爸吃得太油腻了，肠胃感冒呕吐，告诉他这个方子，妈妈也跟着喝，把胃胀的毛病给治好了。很感谢陈老师。

——雪天

2. 香菜陈皮生姜止吐方非常有效。我试过，很好用，见效快，还无不良反应。

——梧桐

3. 最推荐芫香正气水。孩子才十一个月时拉肚子，医生开了药，吃了也是反反复复，还让我换了防过敏奶粉。那时还没用过老师的这个方子，想到反正老师的方子都是食疗的，没不良反应，就煮了点给孩子喝，没想到吃后过了2小时，孩子哗啦啦地拉完就全好了。太感谢了！后来再有什么问题都是先看老师的《茶包小偏方，喝出大健康》和《回家吃饭的智慧》。

——Fenny

4. 胃肠感冒，用陈皮、生姜、香菜煮水喝，自己亲身体验了一次，真见效！按老师的茶方煮水，喝下去胃里就暖暖的，也不胀了。

——四月天

5. 我儿子一到夏天就会有肚子疼的毛病，喝完这个过一会儿就好。

——森林里的猪

6. 这几天肠胃型感冒，拉肚子。昨天看到香菜陈皮姜水的方子，晚上立刻煮了喝，就没拉了。今天早上又煮了一次喝，走动后有微微发汗的感觉，感觉人很轻松。

——丹子

7. 昨天孩子发烧喝了退烧药，到中午又烧了。孩子因为发烧而且肠胃不舒服不想吃饭，下午熬了陈皮生姜香菜水喝了，没多大会儿就退烧了，药也没吃，出了一身汗，好了。真的要感谢陈老师。

——婷

8. 儿子因积食引起呕吐，发烧39.2℃。给他煮了香菜陈皮姜水，用半支藿香正气水给他喝了，半支滴肚脐。烧退了，不过不想吃东西。然后又根据家人建议喝了炒山楂水一天，开始喝粥了。

——河南~阳光味道

9. 昨天吃了韭菜鸡蛋馅的速冻饺子，一根香蕉，然后就午睡了，没有盖好肚子。起来就觉得不舒服，恶心想吐。因为自己孕初期，本来就有点恶心，到了吃晚饭的时候，还是没忍住吐了。煮的香菜陈皮姜水，喝了一碗，还恶心，也没吃香菜。躺了一两个小时，终于排了好多气，不难受了。

——玉玲

10. 昨晚发高烧去看医生，验血结果是病毒感染。吃了药，但没输液。今早不烧了，但还想吐。后来得知这是肠胃型感冒，煮的香菜陈皮姜水，喝了以后舒服多了，到现在没有再想吐，打算迟点再喝一次。

——53群读者

11. 孩子前天回家说不舒服，一会儿就吐了。我看他舌苔中间有点白，两侧有红点，早上起来还有点打喷嚏，感觉有内热。昨天给宝贝喝的香菜水，从早上到中午，食欲一直不好，我也没有强迫他吃。坚持喝了两次香菜水，吃了一个火烧红橘，晚上看着有了食欲，吃了一碗大米粥，还吃了一点花卷，又开始活蹦乱跳了。今天已经把他送到学校了。鲜鱼腥草根的味道有点大，但是宝贝能坚持喝，这次愣是没吃一粒药就挺了过来。感谢陈老师的良方，感谢会长和班长的分析指导！

——10群读者

12. 前段时间老公表妹家一岁多宝宝因吃生冷水果多了些，半夜开始上吐下泻，吃药几天都不见好，于是给我打电话求救。我问清楚原因后，随即让她出去买了陈皮、鲜姜、香菜，熬水给宝宝喝。没想到第二天下午她就高兴地告诉我，宝宝自从喝了熬的香菜陈皮汤再没拉肚子，人也精神了，还告诉我她自己也不舒服，总恶心，就与宝宝一起喝了汤水，没想到喝完肚子就舒服了，也不恶心啦！她高兴地说以后要好好跟我学养生。

——瑞莲

我家的这个秘方其实很简单，只有三味材料，许多读者用后都感叹它的神奇。注意要用道地的川陈皮效果才好。

蚕沙竹茹陈皮水

【原料】
蚕沙、竹茹、川陈皮各30克（幼儿减为10克）。

【做法】
1. 把川陈皮洗净，和蚕沙、竹茹一起放入锅中，加冷水煮，水不要太多，以免一次喝不完。
2. 水开以后再煮3分钟。
3. 一次喝完。

【功效】
退热（退烧），祛湿浊，化痰，止呕。

【适用人群】
感冒引起的高热（高烧）、脾胃不和、食欲不振、恶心呕吐者，经常皮肤发红瘙痒者。

感冒高热（高烧）时（成年人发热超过38.5℃，儿童超过39℃）饮用，饮后睡上一夜，耐心等待退热（退烧）。严重者可以喝2～3剂，退热（退烧）以后就不用再喝了。

允斌点评

1. 这个方子中的几味药都相当安全,小孩、老人都可以放心地使用。太小的婴儿,一次喝不了太多汤药,最好少放点水,煮得浓一些。每3小时喝1次,至热退为止。

2. 重要提醒:如果感冒未发高热,只是低热,此时不要急于退热,要按风寒、风热辨证食疗。只有发高热,说明病已深入脾胃,不是单纯的外感了,才能用这个方子。

读者评论

1. 蚕沙竹茹陈皮退烧方特别好。妹妹抱着十个月的女儿过来让我帮她带一天,她刚走我就发现孩子发烧了。我在发烧,正好我煮了陈皮退烧茶准备吃。她也烧到快39℃了,就给她喂了几口,过1小时又喂几口。2小时过去,已经38℃了。又喂几口,就哄睡了。下午睡醒后我们两个人烧都退了。真是好茶方。

—— 姐彤

2. 有一次我家二孙子还不到六个月的时候,晚上发高烧40℃,我就煮了感冒退烧茶给她喝。因为孩子小,我就一次少喂一点,煮得很浓,孩子喝了以后体温慢慢往下降。到了早晨,体温已是38℃。她妈妈不放心想去医院看,到医院给拿了点药,回到家我不让吃,我说温度没升,再让孩子喝点这个水,又喝了几次烧退了,拿的药也没吃就好了。

—— 转

3. 我家小孩体质不是很好,天气忽冷忽热时经常会感冒发烧,所以我经常会用这个方子给他调理。有一次,我家小孩半夜三更发起高烧,我在家从药箱里找到了陈允斌老师推介的这款竹茹、陈皮、蚕沙各20克,用来煲水。把药水分两次给小孩子喝,第一次喝药是在晚上11点多,喝药后1小时,小孩子的头没有那么烫了。3小时后再喝第二次药,等到第二天小孩子已经退烧了。

—— 一路上有你

4. 蚕沙竹茹川陈皮退烧方不像西药退烧那么快,但很温和,反复发高烧的孩子用这些材料各10克煮水,喝个一两次就好了。

—— 简单

5. 我家小孩高烧时,用感冒退烧茶喝第一次烧没退,第二次喝烧才开始慢慢往下降。起初还纳闷怎么没效果,后来才知道原来是陈皮的原因,我用的不是正宗入药用的川陈皮,而是一般的橘子皮,所以效果不佳。

—— 神珠

6. 蚕沙竹茹陈皮水这个方子特别管用。我老妈有一次感冒，她虽然70多岁了，体质一直很好。我一摸她的头特别烫，我立马给她测体温，39℃，吓了我一跳。我想10点多了去医院不方便，还是先用一下蚕沙竹茹陈皮水，喝了以后我就守在妈妈身边，过了一会儿测温度，又升到40℃。我非常害怕，开始做好去医院的准备。顺便又让妈妈喝了一碗，结果后来温度慢慢地下降了。一直到凌晨3点，温度降到了36.8℃，我的心才放到肚子里。让妈赶紧又喝了一次，到6点体温终于正常了。

——美好

7. 我儿子发烧，体温升到39.8℃，我到药店买来蚕沙、竹茹，陈皮用的是按照老师的方法自己晒的川陈皮，只喝了一剂，体温就恢复正常了。再次验证了小茶方的神奇。

——燕子呢喃

8. 让我印象最深刻的茶方是蚕沙竹茹陈皮水，老公感冒发烧38.5℃，喝了一次就退烧了，而且后期也没有吃任何药，真是太神奇了。

——珊瑚石

9. 老师所有的书我都买了且爱不释手。自从买了老师的书，我家人感冒发烧都是按老师的茶方处理，效果杠杠的！尤其是蚕沙竹茹陈皮退烧方，效果很好，而且向身边亲友推荐，用了都说好，有好多人也成了老师的铁粉。

——杨爱莲

10. 退烧方法（蚕沙、竹茹、陈皮）特别好，我儿子从两岁半起就用，喝一次就退烧。

——森林里的猪

11. 只要不是炎症发烧，喝一次退烧茶就管用，里面的三样材料最好选用道地的材料，喝起来就不怎么苦。煮的时间严格按照书中介绍的时间，使用效果才会发挥得好。

——高高

12. 快3周岁的女儿每次生病，夜里都会尿床。昨天积食发烧到40℃，喝了老师的退烧方5次（退烧方要煮20分钟），到今天中午好得差不多了。昨天夜里我忘了给宝宝穿纸尿裤，加上又喝了很多水，没想到宝宝都能自己起床尿尿，而且是起床3次；换成以前，早就控制不住尿出来了。

——27群读者

13. 陈老师的方子很神奇，比吃药还管用！去年流感时期，女儿发高烧39.5℃，去药店买了蚕沙、竹茹、陈皮，煮水喝。第一次煮时放的水有点多，就分两次给她喝，喝了之后，烧退了一点点，这时家里人很着急，让去医院看看。我淡定地说："没事儿，发烧是一种自我保护。"说句心里话，我也很害怕，因为第一次用，还有就是担心药的质量不过关。临睡觉的时候还是39℃，那一夜我都没怎么睡，时不时地摸摸孩子的额头。大约凌晨5点多，烧退了。很高兴，以前吃西药总是反复地发烧。

——菩爱纯真

14. 我小表弟昨天下午开始发烧，到今天都没好，我哥哥和奶奶都用他们自己的方法给小表弟退烧，但一点用都没有。然后他们离开家后，我就去药店按陈老师的退烧茶方买了药材煮给小表弟喝，喝了两次，小表弟终于退烧了，又露出了可爱的笑容。

——『Z』健辉

15. 昨天单位里一个朋友的小孩发高烧，我告诉她让孩子喝蚕沙竹茹陈皮水，今天告诉我已经退烧了。我又让她煮了点米汤给小孩子吃，因为发烧会伤到脾胃，会胃口不好，她说太神奇了，小孩活蹦乱跳的了，她开心地在那儿大笑。感恩老师的无私奉献，让小孩子免受医院折腾。我也好开心可以帮助别人。

——萍萍

16. 我儿子以前每次发烧都去打针，给身体带来了很大的副作用，后来在《百科全说》里看到了陈允斌老师讲的退烧方法。有次儿子又发烧到40℃，喝了两天就完完全全好了。

——持戒

17. 14:30接到电话让我回家，孩子发烧严重。我17:00到家，当时孩子没有哭闹，只是没有平时活跃，一身滚烫，量体温39.8℃。我立马飞奔到药店，结果附近好几家药店都买不到"蚕沙"。四处电话求助，绝望到差一点打车到市区，后来终于问到一家药店有药！18:30拿着药到家，孩子开始哭得撕心裂肺的，没有量体温，但肯定烧得更厉害了，怎么都哄不好。10分钟后药熬好了，孩子尝了一口就再也不喝了，我们两个人强行给他灌下去，半小时后竟然听着音乐会跳起舞了。1小时后体温降到37.8℃，再1小时后36.2℃，一会儿就睡着了。

——mymmzhp

18. 这款蚕沙竹茹陈皮水真的是非常好，给老人用了，退烧效果好，退烧了人还不难受，好得很快。

——藏香

19. 上次发烧喝了蚕沙竹茹水没效果是因为药材不好。我家宝宝前天晚上突然发烧39.7℃，一晚上按摩都没效。我这次买了精品的蚕沙和竹茹，昨晚又烧起来了，我就煮了一大碗，她只肯喝五口，结果喝完5分钟就开始退烧了。早上也拉了便便。

——24群笨笨

20. 发烧、积奶加外感所致，舌头有些发白，我煮了些姜汤葱须水喝，上午找人排排奶，排完奶烧到38.9℃，头疼欲裂，喝了小柴胡，泡脚，睡觉，醒来还是没退，烧晕了。小柴胡是退低烧的，赶紧煮上蚕沙竹茹陈皮水，喝了一大碗，1个小时后温度38.6℃，头疼好了一些。吃完饭温度又降了些，又喝些蚕沙竹茹水，泡脚，睡觉，第二天烧全退了，体验了一回蚕沙竹茹水的神奇。

——21群读者

21. 近几日嗓子疼，咽东西费劲。我怕影响宝宝，想快点好，就服用了几天的消炎药和退烧药，结果根本无效，温度在不断上升，没办法去了省医院。医生说我是上呼吸道感染，开了退烧药和消炎药，这时已经烧到了39℃，走路都晃。回家后看着药就不想吃，这时想到陈老师的退烧方，于是跑了几家店买了药回家就煮上喝了，一觉醒来退烧了，太神奇了。

——27群读者

22. 自从用了蚕沙竹茹陈皮水退烧，再没用过西药。

——丑丑

23. 我儿子小肠下垂做手术后感染了，一个星期都40℃高烧不退。医生每天打消炎针，但是都不退，我就想起陈老师的退烧药方，陈皮1个，竹茹跟蚕沙各30克。吃了就退。每每回想起孩子当时的情况，还会掉眼泪。

——29群读者

竹茹陈皮水

【原料】
竹茹10克、川陈皮10克。

【做法】
把川陈皮掰成小碎片, 和竹茹一起煮
水, 闷10～20分钟后饮用。

【功效】
1. 调理感冒初愈后痰多发黄、食欲不
   佳、睡眠不宁。
2. 清热化痰。

读者评论 -

1. 竹茹陈皮水祛黄痰的效果非常棒。我和孩子都是阴虚体质, 只要有痰或痰黏在
   喉咙上咳不出来, 就加点冰糖煮15～20分钟, 喝一天就没事了, 屡试不爽。

   ——心怡

2. 去年我妈吃不进东西, 吃了也会呕出来, 后来想到老师教的这个茶, 陈皮和竹茹
   都可以止呕, 她喝过就好了。很多时候都是老师的食方帮了她!

   ——倪广轩

3. 前天晚上牙龈酸胀, 睡不着, 估计上火了。我马上煮竹茹陈皮白茶喝, 安心睡了一
   觉, 早上起来完全好了。

   ——琪智

→

　　如果感冒后咳嗽，吐的痰是白的，那就是风寒咳嗽，可以用陈皮加姜煮水喝，陈皮能化痰、散寒。如果在外不方便用鲜姜，就用小黄姜干品和陈皮一起泡茶。

陈皮姜茶

【原料】
3个川陈皮、9片小黄姜（小片）。

【做法】
将陈皮掰碎，和小黄姜一起加沸水冲泡，闷10～20分钟后饮用。有条件煮水更佳。

读者评论

1. 我儿子感冒两天后开始咳嗽了，我观察他咳出的是白痰，感觉嗓子有点痒总想咳。我知道这是风寒引起的，用3个陈皮、9块去皮姜煮了一碗水。然后给孩子后背肺俞穴刮痧，再用姜片擦擦，拔了一个火罐，又喝了陈皮姜汤。刚喝完孩子就说有点热，5分钟后拔掉火罐，罐口是深紫色的。这一晚孩子睡得很安静，早晨起来只是偶尔咳一下。

——19群读者

2. 这几天有点咳嗽，喉咙不痒不痛，就是胸口有一股气往上冲，心腹怕冷。试过鱼腥草茶、荠菜水都没见效，昨晚用茴香盐袋热敷胸口，今早咳出白痰，马上翻看陈老师的书，觉得符合陈皮姜汤，中午喝了两碗，下午感觉咳嗽有所减轻。

——周晓玲

三

调理咳嗽、痰多的家传小茶方

我们的肺是一个很娇气的内脏,它特别爱干净,哪怕沾上一点点脏东西,也一定要咳出来。

把孩子放在童车里出门压马路,孩子回家以后,往往会咳几声。这是因为在城市里越接近地面,灰尘和污染物越多,孩子吸了脏东西在肺里,需要咳出来。空气污染时,或者刮风的天气,有些人出门回家也容易出现这种干咳。像这种咳嗽,千万别急着去止住它,否则容易引起炎症。本来是干咳,过几天就生出痰来了,严重的还可能引起肺炎。

可以用鱼腥草加梨皮煮水来调理。

鱼腥草梨皮水

【原料】

鱼腥草10～30克、鲜梨2只。

【做法】

1. 把鲜梨放在加面粉的清水中泡10分钟,清洗干净。

2. 削下梨皮,与鱼腥草一起用沸水冲泡,闷10分钟后当茶饮用。有条件煮水更佳。(冷水下锅,水开后煮1分钟,不要久煮)

【功效】

1. 调理吐黄痰的热性咳嗽。

2. 清肺热,消炎,化痰止咳。

3. 祛除面黄。

允斌点评

1. 如果咳嗽痰多，不要急着止咳、润肺或吃补药，要消炎祛痰。痰清除干净了，自然就不咳嗽了。

2. 没有梨皮，可以单用鱼腥草，多加些量，效果也不错。

读者评论

1. 不知道此方之前，我还以为感冒后咳嗽一两个月是正常现象呢。喝了它才知道，对症用药，调理这种急症是可以立时见效的，特别神奇，我一开始都不敢相信。

　　　　　　　　　　　　　　　　　　　　　——ggsinging

2. 每次孩子咳嗽都比较厉害，痰也多，我就给他煮鱼腥草梨皮水，喝过一次就见效。从孩子不到1周岁遇到陈老师的书，到现在6周岁没去过医院。

　　　　　　　　　　　　　　　　　　　　　　　　——馨

3. 用鱼腥草梨皮煮水治好了我们二宝的咳嗽，根本不用吃药。由此非常感恩陈老师，方子简单，功效强大。

　　　　　　　　　　　　　　　　　　　　　　　——渡过

4. 鱼腥草雪梨皮水特别好用，只要是咳嗽黄痰，喝上一剂准能好，特别管用。赞！

　　　　　　　　　　　　　　　　　　　　　——陈巧莹

5. 我女儿咳嗽得厉害，喝了两天鱼腥草梨水就好了，很是神奇！

　　　　　　　　　　　　　　　　　　　　　——爱茉莉

6. 喝一两天鱼腥草梨皮水，我就不咳了，也没绿痰了。

　　　　　　　　　　　　　　　　　　　　　　——紫苏

7. 我孩子1岁半，每次咳嗽都会呼噜呼噜的，有痰，以前一般都要半个月才有好转。用了鱼腥草梨皮水后三天就不咳嗽了，根本不用吃任何药就好了。

——维一

8. 孩子感冒咳嗽有一个月了，很是心急。这几天夜里也咳，去看了大夫，说是普通感冒，嗓子、肺部没有炎症之类的。晚上喝了鱼腥草、姜、葱头煮的水后，孩子说暖暖的很舒服。夜里不咳了，白天还是咳，我又用白萝卜皮和鱼腥草煮水，就煮了1分钟，喝了2次，晚上他说今天没咳嗽，鼻涕也没有了。

——14群读者

9. 我儿子前几天咳嗽，本来喝萝卜梨皮水基本不咳了，五一回娘家没管住嘴又咳了，尤其入睡后咳得厉害。班长建议鱼腥草加梨皮煮水，晚饭后只喝了一杯，一晚上没咳；第二天又喝了两次，没再听见咳嗽了。不服不行啊！

——薇

10. 小孩咳嗽，按照老师的方法鱼腥草加梨皮煮水给小孩喝，早上喝完去上课，中午回来没那么咳了。感恩老师。

——杜鹃

11. 一个朋友干咳，嗓子不痒，咳得喘不上气，她自己说搞了下卫生就这样了。叫她喝鱼腥草梨皮水，当晚就没那么咳了，喝了几次就完全好了。

——12群读者

感冒后有时会留下咳嗽的"尾巴"，嗓子里有点痰，经常咳几声，不算严重，可又总不见好，这种情况就是"慢性咳嗽"。

芹根陈皮茶

【原料】
干香芹根3个、川陈皮1个。

【做法】
1. 芹菜根切碎，陈皮掰成碎片。
2. 放入杯中，冲入沸水，马上倒掉水。
3. 再次冲入沸水，闷制20分钟后饮用。

【功效】
1. 调理慢性咳嗽、晨起咽喉有痰。
2. 化痰，祛湿，适合秋冬季日常保健饮用。
3. 祛除男性长在下颌部位的痘痘。

读者评论

1. 早晨起来喉咙有痰，咳不出来也咽不下去，非常不舒服。喝了芹根陈皮茶后第二天，症状转好减轻，三天后喉咙就没有黏腻感了。

——乐易

2. 芹根陈皮茶治疗咳嗽，我推荐好多人用过了。尤其是风寒感冒后留的小尾巴，用这个方子非常有效，经常一两天就不咳了。我经常还会在里面再放3片去皮生姜。

——Donna

3. 我用过陈皮芹菜根，感觉非常好，帮助除陈寒，喝了之后排了很多寒痰出来，现在没那么怕冷了。

——高鑫

4. 芹根陈皮茶对付喉咙里吐不出的黏痰很好。

——细雨轻愁

5. 自从跟着老师养生，一双子女发烧咳嗽用蚕沙竹茹陈皮退烧方、鱼腥草梨皮水很快就好了，现在基本不用去医院了。感冒后有痰也是用芹根陈皮水，两天就好了。

——莉

6. 孩子前几天有点咳，我也没管她，以为咳两天就会好，后来越来越厉害。发现他一上床睡觉就咳，白天比较轻一点。听老师分析应该是积食引起的咳嗽。给他煮了双皮水，喝了两次就好多了。可是刚好一点，他又吃了冷饮，又开始咳。不过白天咳得多一点了，我想应该是脾胃受寒了，就给他煮香芹根生姜加陈皮水。喝了两天，现在一点都不咳。孩子高兴地说感谢陈老师的好方法，不然又要吃药了。

——自然而然-安徽

7. 芹菜根陈皮水能治下巴痘痘，基本上喝两天就见效果了。

——钱艳丽

患慢性咳嗽的人，如果有肺热，痰有点黄，可以喝这个茶饮来清痰消炎。

果菊清饮

【原料】

鱼腥草15～30克、菊花3克、罗汉果1个。

【做法】

将罗汉果压破，和鱼腥草、菊花一起分成三份，每次取一份放保温杯闷泡30分钟后饮用，一日三次。

【功效】

1.消炎，排毒，清肺热。

2.调理慢性咳嗽、黄痰。

3.预防青春痘。

允斌
点评

如果肺热重，可以把菊花换成野菊花。

1. 推荐鱼腥草罗汉果治咽炎的方子。没有了咽炎，感觉好多东西可以吃了，因为咽炎、鼻炎引起的感冒也少了。身边好多朋友都来问我方子，我觉得帮到了大家很开心。

——向海的太阳

2. 我老公经常抽烟，时不时会咳几声，自从喝了鱼腥草罗汉果茶之后，咳得越来越少了。感恩老师奉献出这么好的方子。

——阿红

3. 感冒发烧咳嗽，嗓子痛得厉害，喝了两天竟然好了。

——雯雯

4. 清热、止咳效果好，关键是好喝！

——钱淑荷

5. 果菊清饮效果特别好，不容易感冒了。

——大红苹果

6. 早上起床嗓子痛，自己分析可能是昨天中暑了，赶紧煮鱼腥草罗汉果菊花茶，上午喝了两杯，下午嗓子不疼了，真是神奇。感恩陈老师。

——冯宝霞

7. 之前喉咙就有那么一点上火，又吃了一些新鲜荔枝，前天一起床，整个喉咙着火一样，又肿又痛。我马上把整个罗汉果捏碎煮25分钟，再加1大把鱼腥草、1小把胎菊继续煮水20分钟，喝了两天，基本痊愈了，只有一点点尾巴了，今天继续煮上。老师的方子真好，要平时老早抓药去了。

——5群读者

8. 今年冬天咽炎特别严重，嗓子老有痰，在办公室老吐痰，自己都觉得不好意思。昨天上午喝了一杯，感觉太甜了下午没喝，到晚上神奇地发现嗓子没有痰了。今天上午又喝了，嗓子很舒服，没有痰的感觉真好。

——小丽

9. 因天气热运动出汗了，晚上睡觉喉咙感觉有一点不舒服，不是特别痛。第二天一早有点鼻涕了，立马煮了罗汉果鱼腥草菊花饮，到了晚上喉咙痛控制住了，鼻涕也不是很多了！

——丝LDJF

10. 因为家里没有单独的罗汉果和乌梅，我就直接用焖烧杯泡了一杯果菊清饮。晚上还有点打喷嚏、鼻塞，睡前又喝了一杯，今早起来感冒症状缓解了很多，肌肉酸痛、乏力感也消失了。仍然有轻微鼻塞，眼睛也有点不舒服的感觉。昨天的果菊清饮，今天继续泡着喝。

——39群双儿

11. 昨天上午喝姜枣茶，下午喝了果菊饮，上火的症状在持续减轻，溃疡完全不疼了，舌苔也薄了些。今天继续喝姜枣茶，还煮了罗汉果进去。

——happy_beans

12. 我前天晚上吃了辣的，睡前喉咙痛。昨天早上睡醒，全身酸痛，怕冷，有点低烧，精神不好，喉咙好多痰是黄色的。马上煲一壶罗汉果冲鱼腥草水喝了一整天，今天起床精神好了，身上也不酸痛了，喉咙还是有一点点痛。又煲了一壶果菊饮，下午喉咙不痛。每次低烧喉咙痛都是煲鱼腥草水喝两天自然好了。感恩陈老师的食疗方！

——14群读者

13. 小孩喉咙痛，有痰难咳出来，喝了果菊清饮后症状减轻。

——莫金双

14. 上周一二的时候，觉得喉咙有点不太舒服，隐隐感觉有痰，打了几个喷嚏。周三晚上喉咙开始沙哑，睡觉前就很痛了，咽口水都痛。因为下班回家很晚，还要哄娃睡觉，我没有吃任何东西。第二天泡了果菊清饮，觉得有好转。我知道自己湿气很重，接下来几天，我基本天天喝果菊清饮，隔天喝瓜皮荷叶茶，还经常焖煮薏苡仁、赤小豆吃。就这样一周过去，现在基本好了，只有一点点痰。打算明天吃活捉芫荽，看看能不能去根。以往喉咙发作，最起码两三个星期才好，这次好得很快，非常开心。

——29群读者

15. 周五我家宝从学校回来，到家已经晚上10点多了，还感冒了，打喷嚏，流鼻水，就煮了姜葱陈皮水给他喝，喝完就睡觉了。周六早上起来，鼻塞，流浓鼻涕，说话带鼻音，于是煮了一锅(1 500毫升)果菊清饮，让他喝了一天。白天说舒服多了，晚上又流鼻水，于是又喝了一次姜葱陈皮水。周日早上，听他说话感觉好了大半，但喉咙还有点痛，可能是晚上喝的姜葱陈皮水中姜用多了，于是煮了牛蒡茶给他喝，感觉喉咙舒服多了，也就喝了600毫升左右便回校了。今天打电话回来，说喉咙不痛，但还有点痰。我问他有没有继续泡果菊清饮或牛蒡茶，他说有用保温杯泡果菊清饮。效果期待中。

——9群读者

16. 前段时间不知是不是吃银耳红枣羹太久的原因，我跟我老公都湿气很重，下焦湿、热、痒，脚也痒，让我帮他买药来擦。我故意不去，每天坚持用花椒水给他泡脚，还喝了几天果菊清饮，这两天终于消停了。上次他咳嗽也用老师的方子，罗汉果和柿蒂煮水喝。我现在煮的养藏汤每天早上不用叫他，他自己就起来喝了。跟着老师顺时生活真的要坚持。

——大潘—广西

17. 我妈妈感冒后一直咳嗽，有黄痰，痰很浓、很黏，难吐出来。我给她买了果菊饮，连续喝了两个星期，昨天打电话问她，她说好啦，黄痰没有啦，感觉干净了。

——5群读者

18. 昨天可能吃白糖拌冬瓜过量了，睡觉时脑袋疼起来了，钻心地疼，坐卧不安，就把干品鱼腥草含在嘴里，没有缓解。又用自家盆里的鲜鱼腥草榨汁喝，还是脑袋疼得快炸了。有个群友分享，用罗汉果加一大把鱼腥草和几朵菊花煮水喝。赶紧煮来喝下一杯，一会儿就感觉对症了，立马轻松不疼了，一觉睡到大天亮。

——27群读者

19. 一个电饭煲煮罗汉果，另一个电饭煲泡鱼腥草和菊花，太耗时间了，但调理小便黄的问题效果很好，明天继续喝起来。

——清

20. 喝了一个多星期的果菊饮，肚子瘦了呢。

——29群读者

21. 果菊饮我天天喝，最近身体最大的改善就是不便溏了，开心！

——29群读者

22. 出差几天回来有些劳累，喝了两天果菊清饮感觉好多了，再坚持喝几天巩固一下！

——29群读者

慢性咳嗽、痰多，调理时要根据颜色来分寒热。颜色黄是热痰，颜色白是寒痰。如果痰色一直是白的，可以喝陈皮橘络茶。

"久病入络"，长期咳嗽有痰，说明络脉必有痰湿。络脉非常细小，难以疏通，而橘络就有这个疏通络脉的能力，能助力陈皮化痰止咳。

陈皮橘络茶

【原料】
川陈皮1个、橘络3克。

【做法】
沸水冲泡。有条件煮水更佳。

允斌 叮嘱

1. 橘络是橘皮里面白色的筋络，由于又少又轻，市面上的橘络多数混杂着大量橘白，这种效果不佳。

2. 可以在吃红橘时自己收集橘络保存。家里保存的陈皮，每年晒制时掉下来的白色渣渣，就是橘络的碎屑，把它们留下来也可以用。

案例：读者经验

我侄女咳嗽近一个月，早晨有白痰，吃了药也不好。到医院去拍胸片、做CT等检查花了不少钱，结果就是有炎症。我叫她（去药店）买陈皮橘络泡水喝，喝了几天有一点点效果，还是咳。我就把我家自制的川陈皮和橘络给了她一包。三天后，她打电话告诉我咳嗽已基本痊愈，痰没有了，非常感谢；还说她也要跟着陈老师学养生，自己赶紧去买川红橘来做陈皮和橘络，这东西太珍贵了。

——17群读者

1. 橘络陈皮茶，效果杠杠的！我老爸每次来我这里，我就听见他一直吐痰，这次我就抓了一小把自己撕的川红橘橘络，再加上陈皮泡水。早上他连喝了4杯，下午就跟我说好像痰少了很多，几乎不吐痰了。

——3群读者

2. 小孩有痰咳嗽，煮了橘络陈皮水给她喝，喝了就感觉没什么痰了，厉害。

——6群读者

3. 咳嗽四五年，有白痰，喝橘络陈皮茶，现在好了。

——读者朋友

4. 我在风寒感冒后，咳嗽有痰，后来就一连喝了五天的陈皮橘络茶。现在没有咳嗽了，痰也没有了，方子真灵！

——读者朋友

5. 这款（橘络陈皮）茶我喝过，之前白痰比较多，喝了一周情况好转；坚持了一个月，完全好了。

——读者朋友

6. 每年三四月每天都吐白痰，喝了不少姜水，立夏期间喝姜枣茶，白痰也没改善。我就开始喝陈皮橘络茶，一周左右白痰明显减少。如果出汗吹风了，白痰会卷土重来，喝陈皮橘络茶，立马见效！

——读者朋友

7. 陈皮橘络茶喝了两天，完全不咳了，白痰也基本没有了，真有效！

——5群读者

8. 我爸妈前一段时间经常咳嗽，雾霾天出去也不喜欢戴口罩。前几天川红橘到货后，赶快剥了橘络给爸妈送去，让她把橘络和陈皮一起煮水喝。喝了大概三天，刚打电话说，已经不咳了。

——6群读者

有的朋友从冬天咳到春天，一直都不好，这多半就是有慢性支气管炎了。

在家里的饮食上怎么来调理支气管炎呢？可以喝一道西瓜子清肺饮。

西瓜子是化痰的。这道小茶方，每天喝三次，一个星期左右就能感觉身体舒服多了。

西瓜子清肺饮

【原料】

西瓜子500克、蜂蜜适量。

【做法】

1. 把西瓜子加清水用料理机打碎。

2. 下锅煮开，转小火煮2个小时，直到汤汁变浓关火起锅。

3. 用纱布过滤出汁，加入蜂蜜，放冰箱冷藏，可以放一个星期。

4. 每次取半杯放入随身杯，加入开水饮用。

【功效】

1. 调理慢性支气管炎。

2. 清肺化痰。

允斌点评 西瓜子的壳和仁都有药性，整个打碎就可以，不用剥壳。

四

保健牙齿和口腔的
家传小茶方

牙龈经常发炎出血，同时伴有便秘的症状，可以用马齿苋和冬瓜皮冲泡来喝。

瓜菜健齿饮

【原料】
马齿苋（干品）100克、冬瓜皮（干品）100克。

【做法】
1. 马齿苋用剪刀剪碎，冬瓜皮切碎。
2. 分成10份，分别装入10个茶包袋。
3. 每次取1袋，冲入沸水，闷制20分钟后饮用，可以反复冲泡。

【功效】
1. 防治牙周病。
2. 祛除口臭。

读者评论

孩子有口臭的问题，去医院查了也没有幽门螺杆菌，不知道什么原因导致的，只能试试看老师的方子。用马齿苋和冬瓜皮泡茶给孩子喝，喝了几天告诉我说，现在刷牙不流血了，口臭的问题也没有那么严重了。

——琥珀玉

　　风火牙痛，是"疼起来真要命"的那种，不仅疼痛明显，牙龈还又红又肿，往往还伴有口臭、便秘等现象。我家的秘方"野蜂窝炖豆腐"对防治这种牙痛反复发作很管用。旅途中不方便煮，应急的方法是喝生牛蒡汁，并用白酒泡蜂蜡外敷。牛蒡是清胃热的，通便的效果也很好。便秘一通，胃热消除了，牙痛自然就缓解了。

牛蒡汁

【原料】
牛蒡1根。

【做法】
把生的牛蒡切片打成汁来喝。

【功效】
1. 清除胃热，预防牙龈肿痛。
2. 调理胃热有实火、大便干燥型便秘。

允斌点评

如果疼得严重，可以用白酒泡蜂蜡外敷，既能止痛，又杀菌解毒，帮助牙床消炎、消肿。

白酒泡蜂蜡

【原料】

准备1份蜂蜡、5份白酒。

【做法】

白酒煮热，把蜂蜡放进去化开，然后敷在牙龈肿痛处。一般情况下，40分钟就可以止痛了。

读者评论

1. 前年姐姐牙痛，脸肿得很大，我榨了两次牛蒡汁和两次白萝卜加莲藕汁给她喝。两天就好了，一粒药都没吃，真的好神奇。姐姐说已经很少会牙痛了，现在一年多了都没有再牙痛。

——爱的天堂

2. 我昨晚牙肉肿，喉咙疼痛，喝了一碗牛蒡水过了1小时喉咙就不痛了。我又购买了些牛蒡，出门在外随身携带。

——思语

口腔溃疡，喝茄子蒂茶 •

口腔溃疡和舌头溃疡，原因是不一样的。口腔溃疡说明有湿毒。如果口腔溃疡反复发作，可以用吴茱萸打粉调醋每晚敷脚心涌泉穴，坚持调理一段时间。

茄子蒂茶

【原料】

茄子蒂20个、绿茶30克。

【做法】

1. 将做菜用的茄子蒂撕下，晾干。注意不要用刀切茄蒂，而是用手撕。

2. 将晾干的茄蒂与绿茶分成10份，分别装入10个茶包袋。

3. 每次取1袋，沸水冲泡，闷30分钟后饮用。有条件最好是把茄子蒂煮水10分钟，再冲泡绿茶，效果更好一些。

【功效】

1. 预防口腔溃疡。

2. 祛湿毒。

读者评论

1. 口腔溃疡时用过茄子蒂茶，效果很好。

——细雨轻愁

2. 很多朋友都说口腔溃疡反复发作，前段时间我也是如此。果断用上老师的板蓝根和蜂蜜涂抹在上面，晚上泡了一个热水澡，再在涌泉穴处贴上吴茱萸贴，第二天早上就会好。严重的时候，配合用茄子蒂炒青椒吃会有明显效果。

——Yu

清心翠衣茶

【原料】
西瓜翠衣100克（干品）、蜂蜜适量。

【做法】

1. 西瓜翠衣就是西瓜外层的青皮，吃完西瓜后把青皮削下来晒干保存备用。

2. 把晒干的青皮切成小片，分成10份，分别装入10个茶包袋。

3. 每次取1袋，沸水冲泡，闷制20分钟后，加蜂蜜饮用。可以反复冲泡，有条件煮水更佳。

【功效】

1. 调理舌头长疮。

2. 清热止渴，适合经常咽喉干燥、疼痛的人饮用。

读者评论

前几天我舌头长了一个小白点，很疼，正好老公买了一个西瓜回来，我看老师的书中说西瓜皮煮水加冰糖（注：本书老版配方）可以调理，我就赶快试了起来。煮开喝了一杯，今天起来到现在没事了，神奇的效果！

——27群读者

五

调理咽喉问题的家传小茶方

一些学校的老师，还有电视台的主持人，每天大量说话，导致嗓子长期不舒服。其实，这不仅仅是嗓子的问题，关键是因为长期说话太多，伤到了肾气。所以，光是用清热消炎的药来治嗓子，解决不了根本问题。如果想治本的话，既要清咽喉，又要补肾气，双管齐下才可以。平时可以喝蜂蜜南瓜子茶来保养嗓子。

蜂蜜南瓜子茶

【原料】
生南瓜子500克、蜂蜜适量。

【做法】
1. 南瓜子不要去壳，用刀切碎，冷水下锅煮开后，转小火，煮到汤汁浓稠再关火。
2. 把渣滤出来，把煮好的水加入蜂蜜搅匀，放冰箱冷藏，可以放一个星期。
3. 每次取半杯到1杯，放入随身杯，可以直接饮用，也可以加开水稀释饮用。

【功效】
1. 预防长期用嗓过度导致的咽喉不适。
2. 补肾气，预防前列腺疾病。
3. 改善面色发黄。

环保小提示 南瓜子完全可以自己收集。家里吃南瓜时，从南瓜瓤里把南瓜子掏出来。这时候南瓜子是很干净的，不要清洗，直接放在阳台上晾干就可以了。

读者评论

1. 我家老二有点咽炎，喝了两次南瓜子茶后，好多了。

——珉

2. 这几天喉咙很不舒服，不痛不痒，好像有东西堵住了，喝了三次南瓜子蜂蜜水后症状消失了。

——期待

3. 陈老师的茶包小偏方我用过好几种。女儿上班头一个月，因为第一次当班主任，喉咙都说哑了。用陈老师的茶方蜂蜜南瓜茶，喝了真管用。

——心灯

橘红开音饮

【原料】

干山楂300克、陈皮200克、红糖200克。

【做法】

1.陈皮切成丝。全部原料分成10份，分别装入10个茶包袋。

2.每次取1袋，沸水冲泡，闷30分钟后饮用，可以反复冲泡。

【功效】

1.适合长期声音嘶哑、有声带小结或息肉的人日常调理。

2.健脾消食，活血化瘀，顺气化痰。

3.预防皮肤色斑。

> **允斌点评**
>
> 孕妇、胃酸过多的人，胃溃疡、十二指肠溃疡患者不宜吃山楂。

读者评论

1. 我总是嗓子哑，好长时间都不好，去医院检查，说是声带小结，没什么好办法。我用了橘红开音饮一个月，就彻底好了，再也没犯过。我好几个朋友也用过，都说效果好。

   ——小桥流水

2. 昨天女儿来电话说女婿嗓子哑了，身体不舒服，在家休息，我就在家煮水灌到瓶子里给他送去。煮了一瓶开音饮（干山楂、陈皮、红糖煮水）和一瓶罗汉果鱼腥草牛蒡竹茹水，让他先喝了开音饮，吃过饭又喝了一瓶另一个水。今天早上我打电话问，也太快了吧，声音已经变过来了，而且打鼾的声音也小了，之前打鼾声影响孩子睡觉。感恩老师的小茶方，让我们远离药物对身体的伤害。把食物变成药物，千万不要把药物变成食物。

   ——有梦就好

有的人咽喉经常有异物感，不是疼也不是痒，就是觉得有一点不舒服，说话多了费力，喜欢时不时清清嗓子，或者轻咳几声。这种情况可以喝这道茶来调理。

蜜炙陈皮山楂茶

【原料】

干山楂600克、川陈皮120克、蜂蜜20克。

【做法】

1. 把蜂蜜用少量的水稀释，陈皮洗净后放入蜂蜜水中泡软，吸透蜜水，然后捞出来切成丝，沥干。

2. 把陈皮丝和干山楂一起混合均匀，放入无油的炒锅中用小火不断翻炒，炒到陈皮不黏手的程度起锅，晾凉。

3. 分成20份，分别装入20个茶包袋中，装瓶存放。

4. 每次取1袋，沸水冲泡，闷制20分钟后饮用，可以反复冲泡。

【功效】

1. 调理咽喉部有异物感、说话费力的喉炎。

2. 调理吃肉食引起的消化不良。

3. 消除腹部多余脂肪。

允斌叮嘱　血脂偏高而又痰多的人也可以喝这款茶调理。

1. 只要辨证对了，老师的方子真是方便实用。孩子这两天积食咳嗽，昨天喝了炒山楂陈皮水，一晚上基本没咳；今天又煮了给孩子喝，继续巩固。

   ——平

2. 前几天我老公胃不舒服，反酸、胀肚、饱腹感强。听了班长的话，他喝了炒山楂、炒麦芽煮的茶，效果老好了。以前他老认为我瞎捣鼓，不理解我，现在我吃什么他也跟着吃。我要用食疗看得见的效果一点一点感化他们，让他们跟着老师、跟着班长和大家一起顺时生活！感恩！

   ——50群读者

3. 出门给长辈拜年，老人非常热情地招待吃中午饭。新年大鱼大肉吃得胃不舒服，下午回家刚好看到陈老师关于过年积食的视频，家里还有山楂干，马上拿一把放锅里炒，然后煮水喝。晚上就吃稀饭和腊八蒜。现在胃舒服了很多。

   ——桂

　　梨皮有消炎止咳的功效，而梨肉则可以降火润喉，搭配在一起，可以调理慢性喉炎。

利嗓开音茶

【原料】
干无花果6个、雪梨1个、红糖2小块。

【做法】
1. 雪梨用加面粉的清水泡10分钟，清洗干净。
2. 雪梨带皮整个切成小丁，与干无花果、红糖一起放入随身杯。
3. 沸水冲泡，闷30分钟后饮用。

【功效】
1. 调理慢性喉炎。
2. 滋养肝肾，利嗓开音。

读者评论

1. 我老公之前每天咳嗽，吃了无花果炖梨很快就好了！

——永结青春

2. 唱歌的人必须有一副好嗓子，这个开音茶真的是用嗓多者的福音。

——兜里侑镳

3. 女儿是幼师，这款茶经常喝，只要喉咙痛、有点哑，就会煮给她吃，喝两天就舒服了。

——心怡

许多人感觉嗓子不舒服时，习惯泡胖大海喝。其实胖大海非常寒凉，还有少量毒性，不适合经常饮用。正确的选择应该是罗汉果。

罗汉果有三大作用：清肺利咽，化痰止咳，润肠通便。它是我们平时调理咽喉问题的好帮手，对于调咽喉炎、扁桃体炎、肺热、咳嗽、痰黄等都有很好的效果。

有些职业需要长时间说话，比如教师、主持人，他们往往被慢性咽炎困扰。这种时候治嗓子解决不了根本问题，因为在咽喉部位有肾经通过，话说得太多，就会耗气伤肾。还有的人经常熬夜，也会伤肾，容易得咽喉炎。

这样的情况，罗汉果就可以派上用场。因为它不仅清肺热，还有补肾气的作用，可以使慢性咽炎从病根上得到调理。

有慢性咽喉炎的人，发作后觉得有点痛，经常咳几下，嗓子里总有点黄痰；还有一些人话说得太多，经常熬夜，咽喉部位发红、上火，这两种人都可以经常煮罗汉果水来喝。

罗汉清肺饮

【原料】

罗汉果7个。

【做法】

1. 把罗汉果压破，掰开，连皮带核一起放入锅中，加3杯清水煮开后，转小火煮40分钟左右，煮到只剩大约1杯水的量，滗出药汁。

2. 锅内再加3杯清水煮开，转小火煮40分钟，煮到剩1杯水的量，滗出药汁。

3. 把两次的药汁合在一起，放入冰箱冷藏，可以放一星期。

4. 每次取大约1/3杯，放入随身杯，加开水温热饮用。

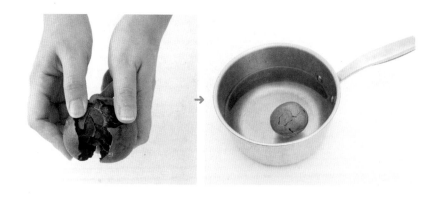

【功效】

1. 调理支气管炎，缓解痰多、咽喉疼痛的现象。

2. 清肺化痰、润肠通便。

3. 祛除口气。

4. 调理胃热出汗。

允斌 叮嘱　很多人直接拿罗汉果泡茶喝，这样效果不佳。罗汉果一定要煮过，药效才能充分析出。所以，最好把它煮20分钟以上再喝。请记住，要把罗汉果压破，连皮带核一起煮。

读者评论

1. 罗汉清肺饮非常好用！女儿一直咳嗽，时好时坏，按照老师所说的方法，把罗汉果压碎煮给女儿喝，一天后好了！而且女儿很喜欢喝，甜甜的。

　　　　　　　　　　　　　　　　　　　　　　　——阿艳

2. 自从喝了罗汉果茶，坚持喝了一个星期，咳嗽明显减轻，痰也减少了。先生表示还会继续坚持喝下去。

　　　　　　　　　　　　　　　　　　　　　　　——格桑

3. 我嗓子不舒服时就用半个罗汉果，连皮带肉泡水喝，晚上喝，早上就好。

　　　　　　　　　　　　　　　　　　　　　　　——琳琳

4. 前天，孩子有点感冒咳嗽，我就用7个罗汉果熬水，前天喝了一次，昨天喝了两次，今早喝了一次，完全好了。

　　　　　　　　　　　　　　　　　　　　　　　——均旌

5. 大宝的咽喉炎发作，还咳嗽了几声。早餐后，我赶紧给他煮了罗汉果水，他说甜甜的，好像牛奶的味道，每次都喝得很爽快，下午就没见咳了。

——期待

6. 我也曾经咽喉发炎，痰多，听了《百科全说》陈允斌老师的节目，发炎的时候泡上半个罗汉果，喝上一天，基本会好，效果真的不错。

——桥

7. 昨天中午喉咙有点不适，老想吐痰可是吐不出来。到了晚上8点多喉咙难受死了，干、痒、疼，还一直想吐痰，但是又吐不出来。我煮了一大杯浓浓的罗汉果鱼腥草茶，趁热喝了一杯。11点多了还没睡，基本上不停地吐痰；到两三点醒来又喝了一次，一直睡到今天早上8点半。起来嗓子好多了，不痒了，还有点异物感，所以早上赶快又煮了一大杯，继续喝。早上起来我自己都高兴坏了。

——25群读者

8. 罗汉果真的神奇。前几天我感冒咳嗽，一躺下就剧烈咳嗽，睡不着，昨天喝了两大杯罗汉果茶，基本就不咳了。儿子前两天发烧，喉咙有点发炎，昨天咳嗽很严重，睡觉的时候一直咳，连着两个晚上我都给他贴吴茱萸足贴，贴上基本就不咳了，一觉到天亮。早晨起来还会咳几声，今天又给她煮了一个罗汉果，儿子喝了一大杯，他现在在睡觉，已经不咳嗽了！一个罗汉果可以煮好几次水，还特别甘甜，家中常备！

——41群陈燕

9. 老公长期吸烟，咳嗽痰多，喝了罗汉果茶不咳嗽了，痰也没有了，真的很神奇。

——塞外明珠

繁缕是花园里最常见的杂草。家里养花的话，它也常常"不请自来"，在花盆里生根发芽。

繁缕水适合虚火型的慢性咽炎，这种类型在抽烟的人中比较多。它的症状是咽喉干痛，还有一种烧灼感，而且爱喝水。

繁缕蜂蜜水

【原料】

新鲜繁缕、蜂蜜适量。

【做法】

1. 可以在花盆里种植繁缕，南方四季都可以生长，北方放在有阳光的密封阳台或窗台上就可以过冬。

2. 用时取1把嫩茎叶，加温水、蜂蜜，放入料理机里打成汁，用纱布过滤，倒入随身杯中饮用。或将嫩茎叶用擀面杖放碗里捣烂，放蜂蜜，加开水冲饮。

【功效】

1. 调理慢性咽炎。

2. 清热，降血脂。

3. 减肥，适合痰瘀型肥胖。

允斌叮嘱

1. 繁缕汁是"刮油"的，降脂减肥的效果很强，但比较寒凉，胃寒的人慎喝。

2. 繁缕只能用开水冲泡，不能放锅里煮，否则就没有效果了。

读者评论

1. 繁缕加糖泡水喝可以调理慢性咽炎，我没有咽炎，就不加糖直接泡水喝，减脂肪。加上白天喝惊鸿茶，晚上"过五不食"，今晨起来称重发现轻了。健康减肥效果很好啊。

——Betty舍予

2. 前几天晨练时惊喜地发现了一堆繁缕，拿回家用水养着。今早嗓子有点痛，就按老师教的方法捣碎冲了一碗水喝下去，果然奏效，太神奇了。

——碧水蓝天

3. 您推荐的繁缕蜜水茶真的好神奇啊！女儿咽喉痛，喝了一次就好多了！

——英芸萍莎

牛蒡是蔬菜，日常保健都可以吃。特别是扁桃体反复发炎、咽喉肿痛的人可以多吃。还可以加上薄荷，对预防咽喉肿痛效果更好。

牛蒡薄荷茶

【原料】

炒好的牛蒡300克（炒牛蒡茶的方法参见本书顺时强身篇95页）、干薄荷叶60克。

【做法】

1. 把全部原料分成10份，分别装入10个茶包袋。

2. 每次取1袋，用沸水冲泡，闷10分钟后饮用，可以反复冲泡。

【功效】

1. 防治咽喉肿痛，预防风热感冒。

2. 疏风散热，有助于降血压。

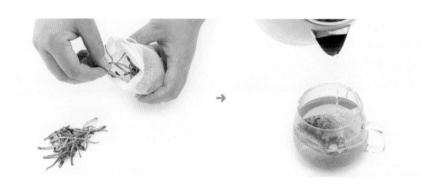

读者评论

1. 前两天天气特别闷热，孩子喊头疼，舌苔也厚，喝了两天牛蒡薄荷茶稍有好转，今天早上煮荠菜水又喝了一天，已经差不多好了。

——轩儿

2. 出差回来女儿的感冒嗓子痛，在牛蒡茶的调理下基本好了。以前女儿感冒后遗症会持续一周，而这次一周内就控制住了，而且没有后遗症，靠的就是葱姜陈皮茶和牛蒡薄荷茶。小食方，大作用。

——wenzhf

3. 昨天我嗓子痛，可能是暖气太热引起的，就用牛蒡茶、薄荷和冰糖沏水喝。因为痛，晚上又喝了两大碗。今天早起没有变得更严重，白天又继续喝，现在明显感觉不疼了。

——小蜗牛

六

调理眼睛问题的
小茶方

"久视伤血"，用眼过度、眼部供血不足，眼睛就会疲劳干涩。久而久之，眼睛就缺乏神采。

我们可以用桂圆、红枣、枸杞子搭配来滋养眼睛，用菊花作为药引。菊花可以清肝明目，它能引药上行，调理眼睛的问题。

养肝明目茶

【原料】
带壳干桂圆60粒、红枣40个、枸杞子50克、菊花20朵。

【做法】

1. 带壳干桂圆洗净，晾干水分，壳和核不要去掉。红枣掰开。

2. 全部原料分成10份，分别装入10个茶包袋。

3. 每次取1袋，冲入沸水，闷30分钟后饮用。可以反复冲泡。

【功效】

1. 滋养双目，缓解眼睛疲劳。

2. 养肝血，清血热。

3. 防止双眼干涩、发红。

**允斌
叮嘱**

1. 桂圆核不要去掉,它的药性是入肾的。肝肾同源,保肝离不开养肾。
2. 平时用白菊花,如果出现红血丝了,用黄菊花。

读者评论

1. 经常对着电脑、手机,眼睛经常发红、干涩,眼药水越用越多,效果却越来越
   差。老师书里的桂圆枸杞红枣菊花茶,原料都很简单,放在茶杯里带到办公室
   泡水就可以了。连续喝了几天,眼睛真的舒服了,眼药水都不怎么点了,红血丝
   也减少了。可能有菊花的原因,吃了几天辣的也不爱上火了。

   ——大声说爱

2. 菊花水冲枸杞子,喝了几次后真的有效果,眼睛的干涩度缓解了好多。

   ——25群读者

眼睛经常发红、易感染红眼病的人，是风热引起的，可以喝桑菊明目饮来疏风清热。

喝之前，可以让双眼接近茶杯口，让茶的蒸汽熏蒸双眼，会感到舒服一些。

桑菊明目饮

【原料】
干桑叶（霜桑叶）50克、菊花50克。

【做法】
1. 把全部原料分成10份，分别装入10个茶包袋。
2. 每次取1袋，沸水冲泡，闷10分钟后饮用。可以反复冲泡。

【功效】
1. 疏风清热，养肝润燥。
2. 预防红眼病，防止眼睛发红、怕光、流泪。

允斌叮嘱

如果接触过急性细菌性结膜炎（红眼病）患者，为预防传染，可以一次用5包桑菊明目饮，配15克青皮和陈皮泡茶来喝。

读者评论

桑菊明目饮，喝好了我的眼睛发红、怕光、流泪。

——健康是福

允斌解惑

Donna问：老师，是用春桑叶还是霜桑叶，还是两者都可以呢？

允斌答：桑叶入药如没有特别标注，都是用霜桑叶。桑叶，嫩时营养丰富，经霜后药效足，入药以老而经霜者为佳。

七

调理各种类型便秘、肠炎、痔疮的家传小茶方

　　桃仁、李仁都有通便的作用，适合大便十分干燥同时伴有口干的人饮用。如果口干并且总想喝水，可以用李仁；如果口干却又不太想喝水，食欲不好，情绪烦躁，可以用桃仁。

桃李润肠饮

【原料】

桃仁30个、李仁30个、红糖10块。

【做法】

1. 把炒制过的桃仁、李仁用料理机打成粉末。

2. 分成10份，每份配1块红糖，分别装入10个茶包袋。

3. 每次取1袋，用沸水冲泡，闷20分钟后饮用。

【功效】

1. 大便干结伴有口干舌燥感觉的人饮用，可以通便。

2. 润肠化燥。

3. 祛除长痘之后的色素沉着，淡化色斑。

允斌 叮嘱

1. 孕妇忌用桃仁和李仁。

2. 这个茶方适合大便特别干结、口干舌燥的人。如果仅仅是排便困难，但大便并不干结的人则不要用。

读者评论

孩子便秘，总是喊口渴又不爱喝水要喝饮料，觉得白开水没有味道。我煮了这个桃李润肠饮给他喝，甜甜的，小孩子也喜欢喝。喝了几天就说不便秘了，可以正常上大号了，也不总是喊口渴了。真的太谢谢老师了！

——读者朋友

　　桃仁和李仁对于便秘、哮喘和妇科病都有作用。李仁是活血的,桃仁效果更厉害,是破血的,可以用来调理身体内有瘀血的情况。桃仁陈皮饮适合大便干结、口干但不想饮水的人,可以通便。

桃仁陈皮饮

【原料】
桃仁30个、川陈皮5个、
红糖10块。

【做法】

1. 把炒制过的桃仁和
   陈皮一起用料理机打
   成粉末。

2. 分成10份,每份配
   1块红糖,分别装
   入10个茶包袋。

3. 每次取1袋,用沸
   水冲泡,闷20分钟
   后饮用。

【功效】

1. 活血化瘀,祛痰。

2. 祛除长痘之后的色素沉着。

允斌 叮嘱	孕妇忌用。

允斌解惑

小不点点问:老师,茶方中祛痘印的桃仁陈皮饮、桃李润肠饮等,不知道十几岁的初高中生能不能用?

允斌答:只要对症,就可以用的。

经常遇到一些人被严重便秘困扰，有的人甚至一周不排便，非常苦恼。这种时候可以摸摸肚子，如果感觉硬而胀，很可能与血瘀有关系。可以用一个应急的方法，就是桃花。

看似温柔的桃花，却是一剂猛药。活血、通便的效果相当了得，多数人喝上一杯就能见效。

桃红通便茶

【原料】
干桃花1克、红糖适量。

【做法】
把桃花和红糖一起放入杯中，沸水冲泡，闷10分钟当茶饮，可以冲泡2遍。

【功效】

1. 调理严重便秘。

2. 活血通经。

3. 祛斑。

**允斌
叮嘱**

1. 这个方法见效很快，但不能天天喝。脾胃虚弱的人更要谨慎饮用。

2. 孕妇忌饮。

读者评论

1. 我是一个严重便秘者，坐办公室时间长，运动少，经常靠吃药才能大便。喝了陈允斌老师的桃花通便茶很见效，不用天天吃药了。
　　　　　　　　　　　　　　　　　　　　　　　　——咏

2. 便秘好多天，吃去火药一点作用都没有。泡了一杯桃花茶，喝完过了几个小时，上厕所非常痛快。
　　　　　　　　　　　　　　　　　　　　　　　　——祺祺

3. 就像老师说的，桃花看上去如此温柔，却是一剂猛药。我朋友便秘特别严重，问我吃什么可以解决她的痛苦，我就让朋友去买桃花来冲水喝。过了几天碰见她，问她有没有效果。她说，太给力了，从来没有什么药让她排得这么爽，一个劲地说谢谢。
　　　　　　　　　　　　　　　　　　　　　　　　——阿雪

4. 老爸气血虚，九天没有上大号了，老人寝食难安。昨天上午做艾灸，下午桃花水连喝三杯，晚上就上大号了，如释重负。
　　　　　　　　　　　　　　　　　　　　　　　　——艾咪

《滇南本草》中记载："苹果炖膏，名玉容丹，通五脏六腑，走十二经络，调营卫而通神明，解瘟疫而止寒热。"

苹果和梨一样，是很适合煮熟吃的水果，煮熟后只是损失少量维生素C，但其他营养成分更容易吸收了。

芦荟苹果排毒饮

【原料】

新鲜芦荟叶500克、苹果250克、鲜柠檬500克、麦芽糖100克、蜂蜜100克。

【做法】

1. 为容器消毒。取一个干净的玻璃瓶，放入锅中加清水煮开5分钟，捞出晾干水分备用。

2. 采摘新鲜的芦荟叶，洗干净，在两个侧边各切一刀，去掉尖刺，放入开水中泡10分钟。再用刀削下外层的绿皮，留下里面的透明果肉切丁。

3. 苹果去皮切成小丁，与芦荟一起加清水放入榨汁机中打成果汁。

4. 把柠檬榨汁备用。

5. 把苹果和芦荟果汁放入锅中煮开，转小火慢熬。加入麦芽糖和蜂蜜，用勺子搅拌，大约熬20分钟，放入柠檬汁搅匀。再熬几分钟，熬成黏稠的酱状，关火，让其自然冷却。

6. 装入煮过的玻璃瓶密封，放进冰箱冷藏。

7. 每次取2大勺，直接服用；或放入随身杯中，加纯净水稀释饮用。

【功效】

1. 排毒，清肠胃，对肠胃发热（发烧）、经常便秘的年轻人有帮助。

2. 清肝火，清胃热，润喉，防止说话过多导致的声音嘶哑。

3. 使肤色通透，防止长斑、长痘。

允斌
叮嘱
新鲜芦荟叶在一些超市有售。家里自己种植食用品种的芦荟是最方便的。芦荟很容易养活，又耐干旱，几乎不用打理，两三个星期浇一次水就可以。

1. 从立夏开始就一直喝姜枣茶，没什么不良反应。前两天受凉，喝姜葱陈皮水好了。第二天又喝姜枣茶，可能姜放多了，第三天就便血、便秘。我在姜枣茶里加了罗汉果，吃了烤香蕉，喝了苹果芦荟汁，一天就没事了。现在喝姜枣茶都加罗汉果，挺好的。

——紫荆花-清远

2. 上次妈妈说话声音嘶哑，喉咙不舒服，开始时喝胖大海泡水，都不管用。我就在家给熬了这个，用瓶子装了从沈阳快递到西安。妈妈喝了一个星期，就跟我反馈已经全好了，还找我要配方。再以后她都是自己熬了，说自己做放心，还方便。

——雨落幽燕

允斌解惑

AnnC问： 能给孩子喝吗？孩子喝的量该如何掌握？

允斌答： 可以喝。这些原料都是食物，根据孩子的年龄和平时饮食情况，按照吃零食的量来参照就可以了。

老年人便秘的原因跟年轻人有很大区别，不能滥用清热通便的药物。人老了往往气血不足，气不足造成肠道蠕动无力，血不足造成肠道干燥，所以老年人便秘往往是长期的、习惯性的。

蜂蜜香油水十分温和，不伤身体正气，体虚而又便秘的人也可以使用，特别适用于老年人的脾胃虚弱症。

还有女性产后便秘，如果担心药物的不良反应会影响母乳品质，也可以用这个方法来调理。香油还有促进乳汁分泌的作用。

蜂蜜香油水

【原料】
蜂蜜1勺、香油1勺。

【做法】
1. 把蜂蜜和香油放入随身杯，倒入小半杯温水，水温不要超过40℃，调匀饮用。
2. 每天2次，早晚空腹饮用。

【功效】
1. 调理老年习惯性便秘。
2. 润肠通便。
3. 排毒养颜。

允斌
叮嘱

水量最多只要小半杯就够了。水温不要超过40℃，但也不要太低，跟人的体温差不多最好。冰凉的水虽然可以刺激肠胃，有通便的作用，但也伤胃，不适合老年人。

读者评论

1. 一个朋友经常便秘，非常苦恼。我告诉她喝这个茶，现在好了，一看见我就说谢谢，说我帮她解决了一个大难题。

——蔚蓝的天空

2. 蜂蜜香油水，第一天喝效果不明显，第二天接着喝效果不错，不费力气就排很多。

——一抹温柔

----

3. 这个方子我自己偶尔会用一下。几年前跟爷爷说过，他试了，也说好用。

——素人

4. 我小孩大便有点干结，上厕所很费劲，三天都没大便，吓到我了。今天没带她去幼儿园，给她喝了两次蜂蜜香油水，下午2点左右终于排了，很顺畅。

——28群读者

5. 蜂蜜香油饮，我爷爷试过确实有效。他以前一直依赖果导片，后来试了确实有效，长期使用也没有依赖。

——小婉

6. 蜂蜜加香油冲35℃左右的水，每天早晚喝，通便。喝了差不多一个星期，有时候晚上还忘记喝，有明显的效果。之前上厕所困难，蹲到脚麻，而且是两三天拉一次。喝了蜂蜜香油水，大便跟小便的时长差不多，每天一次。让我们跟着老师顺时生活食疗，养出好身体！

——53群读者

7. 蜂蜜麻油水，产后便秘我用过还是挺见效的。我是产后出血过多造成的便秘，我的用法是：温水+蜂蜜+麻油比例1:1:1。刚开始觉得没什么明显的效果，我调整了一下时间，在早上空腹的时候喝一次，晚上睡前喝一次，再有就是量一定要大点，放少效果不明显，三样混合一起有半碗的样子，效果很好。

——34群无为

8. 前天在一个减肥群里，看到很多人都说有便秘情况，我就分享给大家老师的方法——蜂蜜香油水。第二天有个人试了一下，很久的便秘终于排下来了，然后@我谢谢我的分享。刚刚又有人说改善便秘了。

—— 47群 cici

芝麻润肠，木耳化瘀消肿，是适合有痔疮的人常吃的食材。这个茶饮可以防治痔疮引起的大便出血。

耳芝饮

【原料】

黑木耳80克、黑芝麻20克。

【做法】

1.黑木耳放入清水中，加少许面粉搓洗干净。

2.将一半木耳放入无油的炒锅中，用中火，一边炒一边不断翻动，当木耳微微变焦时起锅。

3.黑芝麻下锅，用小火炒出香味。

4.加入2 000毫升水，把炒过的木耳和没有炒过的木耳一起放入锅中。

5.大火煮开后，转中火煮30分钟。晾凉后放入冰箱冷藏，可以放3个星期。

6.每次取100毫升，倒入随身杯，加开水温热饮用。

【功效】

痔疮患者保健饮用。

允斌叮嘱

黑木耳在晒干的过程中会沾染灰尘或沙子，使用之前最好用清水加少许面粉搓洗一下。

允斌解惑

枫问： 为什么黑木耳一半要炒过，一半不炒？它们在此配方中分别起什么作用？望陈老师百忙中能解此疑问。

允斌答： 这个问题问得好。这正是这个方子的绝妙之处。生黑木耳有"化"的作用，可以化瘀消肿；炒到微焦的黑木耳有"收"的作用，可以收敛止血。

这位提问的朋友，对于细节的探究精神非常好。用方子的时候，知其然还要知其所以然，才能够运用自如。

同一种食物，生吃熟吃的功效有区别；用不同的烹调方法来制作，功效也可能不同。关于这方面的详细道理，可以参考《回家吃饭的智慧》里《如何区分食物阴阳性》以及《烹调的智慧》等相关章节。

有的人经常觉得肚子胀气，时而便秘，时而拉肚子，不知道如何是好，这时可以喝酸梅汤调理。

炙甘草是用蜜炙过的甘草，吃起来有蜂蜜的甜味，在中药房可以买到。它比生甘草偏补，补气，养脾胃，适合脾胃虚弱，经常感觉疲劳、乏力，心悸的人。

甘草酸梅汤

【原料】

乌梅300克、炙甘草60克（经常痰多、消化不良、饮酒者用生甘草）。

【做法】

1. 把乌梅和炙甘草分别分成10份，装入茶包袋。

2. 每次取1袋，放入随身杯。冲入沸水，闷20分钟后当茶喝。可以反复冲泡。

【功效】

1. 缓解腹痛胀气，适合肚子胀气、便秘和腹泻交替出现的人。

2. 生津解渴、解暑。

3. 调理皮肤干癣。

读者评论

1. 甘草梅子汤，肚子胀气的时候特别管用。

——暖阳

2. 甘草酸梅汤是我的最爱，酸酸甜甜的，特别好喝，还能治病。以前我在外面吃了不干净的东西就会拉肚子，去年秋天我喝了十几天酸梅汤，彻底解决了这个问题。现在我随便怎样吃都没问题了，太感谢老师了。

——玲

3. 梅子汤收敛作用蛮好啊，大便松软的一喝就不软了，一天就变成了香蕉便。

——阿毛-湖南

4. 春天湿气重，便秘的我居然便溏了一个多月。于是喝酸梅汤，用棉球蘸藿香正气水敷肚脐，便溏就没那么严重了，肤色也亮了一点。

——读者朋友

香椿是生发阳气的, 对我们的脾胃及肾都有温暖的作用。它能补脾阳、暖胃、消食, 也能通肾阳, 促进内分泌, 还有帮助怀孕的作用。

春天过后, 香椿芽长成了香椿叶, 吃起来不鲜嫩了, 可以采摘香椿叶制作小茶方。

春夏季的香椿叶, 消炎作用更佳; 长到秋季时, 降血糖的作用更佳 (糖尿病人参考本书259页香椿茶方)。

香椿水

【原料】
香椿叶适量。

【做法】
1. 把新鲜的香椿叶放入锅里加冷水煮开, 再煮10分钟关火。
2. 把煮好的水滤出来当茶喝。

【功效】
预防肠炎。

允斌
叮嘱

如果您想一年四季都享受到香椿的好处, 可以把香椿叶采下来晒干留着, 这样常年都可以用香椿叶来保健了。

读者评论

香椿叶介绍给别人用过, 是糖尿病, 反映效果挺好! 香椿籽, 我自己用过, 咳嗽。

——幽蘭

八

各种疼痛及眩晕
调理小茶方

有慢性胃溃疡的人，发病时吃一点刺激性的东西都会痛，此时可以喝"陈皮蜂蜜茶"。它能帮助保护胃黏膜，缓解胃溃疡发作时的疼痛，促进胃溃疡愈合。

陈皮蜂蜜茶

【原料】
川陈皮半个、蜂蜜4大勺。

【做法】
1. 陈皮洗干净，放入随身杯。

2. 冲入少量沸水，闷30分钟。

3. 待水晾温后，加入蜂蜜，搅拌均匀饮用。

【功效】
1. 理气止痛。

2. 健脾舒肝。

3. 养胃。

允斌
叮嘱

1. 要等水晾温后再加入蜂蜜，否则会影响蜂蜜杀菌的作用，破坏这道茶的功效。

2. 水要少放，这样蜂蜜浓浓的，才能更好地保护胃黏膜。

3. 在饭前空腹喝，养胃的效果更好。

1. 陈皮蜂蜜水调理胃痛很有效果。

———筱洁

2. 最近老妈胃不好，给她试了陈皮蜂蜜茶，喝了两天，好多了。

———Mary

3. 陈皮真的很好，家里有奶油、奶酪，就吃了一点，谁知胃就有反应了，之后就喝了点陈皮蜂蜜水，神奇得很，真的很管用！

———智慧果

4. 昨天吃了冷饭，胃疼，喝了陈皮蜂蜜水就不疼了，很舒服。

———49群读者

5. 作为一个身怀六甲的孕妇，幸好之前看了老师介绍的陈皮蜂蜜茶可以缓解胃痛，并及时买了陈皮备用。昨晚2点胃痛，醒后立即用半个陈皮煮水15分钟，喝了两口就开始打嗝，等水凉后加两大勺蜂蜜喝下，胃疼逐渐缓解。整个过程不到30分钟，胃痛消失，我安然入眠。每次胃痛都是因为晚上吃了不容易消化的东西，后半夜痛醒，估计是有溃疡或者糜烂的原因。

———Kerr

桂皮是煮肉时用的香料，可以温补肾阳，缓解手脚冰凉，还能散寒止痛。

桂皮苹果茶

【原料】

桂皮2块、苹果1个。

【做法】

1. 锅中倒入半锅水，加桂皮，熬煮15分钟。

2. 苹果切成块，放入锅中，煮3分钟。

3. 加入适量红糖，趁热服用。

允斌叮嘱

如何区别肉桂与桂皮？

1. 看厚度。肉桂厚，桂皮薄。

2. 看颜色。肉桂发红，桂皮棕色。

3. 看油脂。肉桂油脂高，桂皮油脂低。

4. 闻味道。肉桂甜香味暖，桂皮刺鼻味凉。

【功效】

健脾养胃，缓解受凉、生气导致的胃疼。

读者评论

第一次是在节目中看到这个方子，记了笔记但是没上心。第二次是在"允斌顺时生活"公众号看见的，发现跟自己挺对症的，然后就煮了。喝了后效果很好，打了几个嗝，像是放气一样，然后胃就不胀气了，很舒服。

——梦夏

 →

不小心摔跤或是受伤了，在恢复期间，每天喝这道茶，有消除血肿、止痛的作用，还可以防止留下瘀血。

月季疗伤茶

【原料】

干月季花12朵、红糖10～30克。

【做法】

1. 将月季花与红糖一起用沸水冲泡，闷5分钟后饮用。

2. 可以冲泡3遍，每次可再加入1块红糖。

【功效】

1. 跌打损伤后保健。

2. 活血，止痛，通经。

| 允斌叮嘱 | 如果加上一小杯黄酒一起喝，效果更好。 |

读者评论

1. 孩子学羽毛球扭伤脚踝，晚上喝了两次，第二天说不疼啦，很神奇。

——馨

2. 月季红糖茶方很好。老公做事扭到腰，腰痛得都不敢伸直，去打了一次针，好了很多，但还是有点痛，我就用月季花红糖泡茶给他喝，喝了两天就好了。

——莫莫

3. 女儿扭伤了脚，迟迟不见好，红花油都擦了两瓶了。给她泡了陈老师推荐的红糖月季茶，她一开始说没感觉，让她坚持喝了三天，说脚已经不那么痛了，也可以踮着脚走几步了。食疗的效果肯定不可能像药一样立刻见效，但是会在不知不觉中让你受益。

——风轻云淡

4. 月季疗伤茶的方法太好了。我儿子脚崴了，喝了月季花加红糖泡水喝，早上又喝了陈皮粥，现在脚基本不痛了，脚肿也消得特快。

——25群读者

桂圆壳是祛风解毒的，能祛邪气。单用桂圆壳泡茶，可以调理因受风引起的头晕。

桂圆壳轻，它的作用往上走，专门用来调理头部的问题，尤其是祛除头部的风邪。经常喝点桂圆壳茶，到年老时就能头不晕、耳不聋。

桂圆壳茶

【原料】

桂圆壳500克。

【做法】

1. 食用桂圆（干品或鲜品）之前，将桂圆放在加面粉的清水中泡10分钟，冲洗干净，再剥皮食肉。剥下来的皮晾干备用。

2. 将桂圆壳加10杯清水下锅，水开后转小火煮1小时左右，直到汤汁的颜色变深，大约煮到还剩3杯水时关火。

3. 过滤出桂圆壳水，晾凉后装瓶，放入冰箱冷藏，可以放一星期。

4. 每次取半杯，放入随身杯，直接饮用，或加开水稀释饮用。

【功效】

1. 调理受风后头晕。

2. 预防老年性听力减退。

3. 预防受风后引起的急性荨麻疹（风疹）。

**允斌
叮嘱**

1. 一般人想象不到桂圆壳煮出来的茶是什么味儿。其实试过一次你就知道了，它有淡淡的桂圆甜味，又带一点药香。

2. 有些桂圆为了外观好看、防虫会涂黄粉，这种桂圆壳不要用。

读者评论

1. 桂圆壳茶对调理我头部风寒疼痛特别好，效果也快。一般是上午喝，下午疼痛就能减轻，症状轻的基本痊愈。我孩子的头部吹了冷风，疼痛，特别是不能低头。他是晚上喝的，第二天早上起来就正常了。

———乐易

2. 在大东北这种地方，冬季偶尔出门不戴帽子，头部真的会受风的。在不知道桂圆壳茶之前，我们要想好多方法温热头部，有时还要经历几天超痛苦的折磨。后来发现这款茶，不仅有奇效，还很香很好喝。

———ggsinging

3. 吹风后头疼，喝了桂圆壳茶后，昏昏的感觉顿时没了，头脑立刻清醒了。

———红

4. 我的头不能吹风，一吹风就头晕。现在只要煮桂圆壳茶喝，一会儿就好了，真的立竿见影。

———桃子

5. 我是吹风头就痛，夏天不开电风扇，不开空调，出门戴帽子。喝桂圆壳茶后就不怕风了，没痛过。谢谢陈老师。

———林泉

6. 冬天回老家受了寒，头疼了一天。睡前硬撑着熬的，喝了一碗，一觉醒来啥事都没有了。

　　　　　　　　　　　　　　　　　　　　　　　　　　　　　——宁宁

7. 桂圆壳茶调理我的头疼很见效。我只要天冷外出吹风了就会头疼得厉害，只能吃芬必得。自从看了陈老师的茶方后，外出吹风头疼，回家后立马熬上一锅，喝了三次后，头疼就减轻了。

　　　　　　　　　　　　　　　　　　　　　　　　　　　　　——维一

8. 我昨天头晕，喝了一天桂圆壳水，头就不晕了。平时头晕都是吊几天点滴才好呢。

　　　　　　　　　　　　　　　　　　　　　　　　　　　　——3群读者

9. 婆婆这两年总是说头晕，我按照允斌老师的方法煮了一大锅桂圆壳水。一开始婆婆不肯喝，觉得古怪。一周后，她竟然主动来问我做法，说最近头不晕了，原来耳朵难受的毛病也没有了。允斌老师的食方真的太好了。

　　　　　　　　　　　　　　　　　　　　　　　　　　　　　——途安

10. 我奶奶昨天头晕到不行，我给她熬了1小时的桂圆壳水，喝下去好多了，她自己都不敢相信。

　　　　　　　　　　　　　　　　　　　　　　　　　　　——27群读者

11. 昨天骑着电动车出门，头盔上有一条缝隙，有点贼风。回来我就觉得有点不对劲，但没在意，结果今天就头疼了。我赶紧把桂圆剥了壳煮水，喝了两碗，一会儿就不疼了。每个人看到别人的分享，或多或少都会有一些质疑，只有亲身体会到了，才知道什么是小茶方治大病。

　　　　　　　　　　　　　　　　　　　　　　　　　　　——25群读者

九

调理常见皮肤问题家传小茶方

　　年轻人长青春痘，有些痘痘比较顽固，红红的，总是不见好。喝些丝瓜蒂茶，能促使痘痘尽快成熟，发出白色的脓头。这时候再外敷些丝瓜皮，让脓尽快出来，痘痘就能瘪下去了。

丝瓜蒂茶

【原料】
新鲜或干的丝瓜蒂6个、蜂蜜适量。

【做法】
1. 家里吃丝瓜时，把切下来的丝瓜蒂留起来，晒干备用。
2. 把新鲜的或晒干的丝瓜蒂放入杯中，加入蜂蜜，用沸水冲泡，闷20分钟后饮用。有条件煮水更佳。

【功效】
1. 清热解毒。
2. 促进青春痘消除。

1. 儿子青春期长了满脸的痘痘，中医西医都看了，一点用都没有。想到陈老师的小茶方，立马给煮了丝瓜蒂茶，喝了两天就有白色的脓冒出来。又根据陈老师的方法外敷了丝瓜皮，结果不到一个星期，红肿的痘痘就全都瘪下去了。感谢陈老师。

——9群读者

2. 扁桃体发炎，感冒咳嗽太难受了，喉咙里像火烧一样痛。吃药可以暂时缓解，但是有不良反应，头晕得厉害，第二天还要上课。找到老师的书，赶紧翻出了丝瓜蒂茶这一页，喝了一大壶倒头就睡，第二天早上起来喉咙竟然不痛了，烧也退了，神清气爽，太神奇了。

——芳菲

3. 前几天额头上起了一个很大的疙瘩，又红又疼。前天吃丝瓜，想到陈老师讲过丝瓜皮可以用来敷熟了的疙瘩，能把脓水敷出来，我马上就敷了。果然，还真的把脓水一点点敷出来了，也不红不疼了，疙瘩越来越小了。老师的方法真的好好啊！

——24群读者

4. 我女儿怀孕期间嗓子疼，不能吃药，我用老师的方法，丝瓜蒂冰糖煮水，女儿喝后马上就好了。我又把这个方子推荐给我妹妹，她也喝好了。

——京津乐道

调理面部油脂分泌过多、带有脓头的青春痘，特别是经常满脸长痘的青少年，可以喝这个茶饮来调理。

鱼腥草对全身各处的炎症都能消，菊花对皮肤长疖子或粉刺也有消炎作用。

如果痘痘化脓不是太严重，可以把野菊化换成菊花。野菊花是小黄花，味道很苦，比较寒，主要用于清热解毒，不用作日常保健。

果菊抗炎饮

【原料】
罗汉果6个、鱼腥草90克、野菊花30克。

【做法】

1. 把罗汉果压破，掰开，连皮带核一起放入锅中。

2. 加3杯清水煮开后，转小火煮40分钟左右，煮到只剩大约1杯水的量，滗出药汁。

3. 锅内再加3杯清水煮开，转小火煮40分钟，煮到剩大约1杯水的量，关火，滗出。

4. 把两次的药汁合在一起，放入鱼腥草、野菊花，下锅煮开后关火。

5. 放入冰箱冷藏，可以放一星期。

6. 每次取大约1/3杯，放入随身杯，加开水温热饮用。

【功效】

1.消炎，排毒。

2.调理青春痘。

读者评论 --

1. 每天都喝果菊饮，湿疹不痒了，有所好转。

——29群读者

2. 喝了果菊清饮后，眼睛胀的感觉缓解了一些。

——清

这款茶适合面部长痘时帮助消炎排脓, 对湿热型青春痘有预防的作用, 适合年轻人饮用。成年人面部长痘不是青春痘, 不适合用这款茶来预防。

清痘消炎茶

【原料】
鱼腥草150克（干品）、蒲公英100克（干品）。

【做法】
1. 把原料分成10份, 装入10个茶包袋。
2. 每次取1袋, 冲入沸水, 不要盖杯盖, 马上倒掉。
3. 再次冲入沸水, 5分钟后饮用, 可以反复冲泡。

【功效】
1. 脸部长青春痘同时经常便秘、咽痛的年轻人饮用, 有抗痘的作用。
2. 抗菌消炎, 调理皮肤疮疡、口腔炎症。
3. 喝过的茶渣可以用来敷脸, 抗痘效果更好。

| 允斌 叮嘱 | 蒲公英是滑肠的, 大便稀软、腹泻的人不要喝。 |

1. 孩子一个月就喉咙疼咳嗽了三次，最后这次"五一"放假在家，我就不再去医院买药了，按陈老师的方子煮了鱼腥草加蒲公英，给孩子喝了一天就有好转，连续喝三天全好了。

   ——yxh

2. 这几天看到群里好几个同学说口腔溃疡很痛苦，我也是几乎没有间断过。身边没有鱼腥草但有蒲公英，我想着蒲公英也败火，就泡了水喝了，下午就好了。真不夸张，我试了两次，效果杠杠的！

   ——宁静

3. 这几天喉咙痛，喝荠菜水、罗汉果、鱼腥草效果不太好。昨晚咽喉肿大，很疼，喝了大半碗蒲公英水，今天早上起床就没那么肿疼了！

   ——6群读者

有的人二三十岁脸上还长痘，这与青春痘不一样，我把它称为"成人痘"。

在急性期，成人痘与青春痘一样，要喝鱼腥草来调理，并可外敷马齿苋。

在平时，成人痘根据体质不同、长痘的部位不同，预防的方法也不同。寒湿重的人，痘痘长在下巴部位的，可以喝汉宫椒枣茶（见本书顺时强身篇 138 页）来预防；肝火旺的人，痘痘长在面部其他部位的，可以喝三花陈皮茶来预防。

三花陈皮茶

【原料】
玫瑰花60克、金银花60克、茉莉花30克、川陈皮60克、甘草30克。

【做法】
1. 将全部原料分成10份，装入10个茶包袋。
2. 每次取1袋，冲入沸水，马上倒掉水。
3. 再次冲入沸水，闷20分钟后饮用。

【功效】
1. 健胃，清热，降肝火。
2. 调理急慢性肠炎。
3. 预防成人痘。
4. 调理胃热引起的口臭。

睡眠多梦且肝火特别旺的人也可以喝。

读者评论

1. 看完陈老师的祛痘视频，仔细和自己对症了一下，原来我属于气滞血瘀血虚型成人痘痘，要补气血同时还要避免受寒，因为这一切都是受寒引起的。花茶加了三花茶，早餐加了当归尾粉、玫瑰红糖和补水补油的水泡花生。今天惊喜地发现，原来由于血虚，痘痘熟不了，现在都熟了！昨天几颗红的痘痘已经都冒白头了！今天准备去买丝瓜追脓。陈老师有一句话我记忆很深刻，一定要把挤痘痘的挤字从我的字典里去掉。

——17群读者

2. 泡上一杯三花陈皮茶，祛痘又舒肝养血，还慢慢让我这个急脾气变得不急不躁、不易发火了。这点真的很重要，不仅家庭会更和睦，对小朋友的性格养成也有好处！这是一个良性循环，身体会更好，心情也会更好，对周围的人的影响也是正面积极的！

——17群读者

3. 喝了三花陈皮茶后，一整天心情都特别好。

——李曼婷

4. 下午心情不太好，赶紧泡了三花陈皮茶喝，喝过后心情舒畅多了。

——加佳

5. 连续几天的三花陈皮茶让我整个人神清气爽！

——佛灯下的耗子精

6. 清口气非常了得，每次感到有口气的时候就喝起来，去火一级棒！

——孙惠敏

7. 我在春季末泡这款茶喝，很不错！舒肝理气，抗病毒！跟着老师顺时养生，太棒了！

——百合

8. 老公肝火旺，导致口臭、口苦，我就给他泡三花陈皮茶加甘草，效果是立刻见效！当天喝了，口臭就没了。

——樱子

9. 今年春天，父亲着急上火后，肝火特别旺，还有口气。给他分装了10小包三花陈皮茶，带到办公室喝了两周，口气消除。清新口气的保肝茶，舒肝解郁效果很棒。

——一丹

10. 这道茶效果好，茶的芳香有利于开窍，帮助我睡眠！

——金桂飘香.潘

11. 三花茶喝过后神清气爽，口气清新。

——Mahdis小公主

12. 这款茶饮盛夏必备啊，味道闻着很舒服，还清热除烦！

——海燕

13. 肝火旺、睡不踏实、咽喉不适、口苦、口臭、有眼屎，我会用这款茶，喝一两天就没事了。

——心怡

14. 想发火找人吵架时，喝了玫瑰茉莉花茶，心情很快会平静下来。

——庄泓錦

15. 春季喝了一段时间的三花陈皮茶，感觉没有之前那么烦躁了，经前乳房胀痛的状况有了很大改善。

——芳宁

16. 每次眼睛昏花、肝胆上火时，就会泡点三花陈皮茶。喝完头脑清醒，眼睛明亮！

——月也兔

17. 坚持喝了一段时间，斑淡了。

——精灵豆

18. 因为长痘痘经常喝三花陈皮茶，同时结合祛寒和活血化瘀，现在痘痘基本消失！谢谢老师！

——冉冉妈妈

19. 今年春天喝了三花陈皮茶，以前到了春天会肝火旺，今年这个症状没有了，每天心情很好。

——杨素

20. 三花茶之前推荐给我闺蜜喝，因为看她朋友圈经常说自己烦躁、脾气大，后来喝了一段时间说感觉好很多。很喜欢闻这个味道，感觉心情变得很好，后来经期下巴长痘的毛病也好了，是喝三花茶的效果。

——也许在

荨麻疹，也叫作风疹，就是老人们说的"风疙瘩"。它就像"风"一样，来无影去无踪。发作的时候，皮肤先是感觉痒，一抓就起来红红的一团，越抓越多，过后又会消失无痕。

突然发作的急性荨麻疹，多与受风有关。我们用桂圆的壳来祛风散邪，可以预防和调理。

桂圆壳茶

【原料】

桂圆壳500～1 000克。

【做法】

1. 食用桂圆（干品或鲜品）之前，将桂圆放在加面粉的清水中泡10分钟，冲洗干净，再剥皮食肉。剥下来的皮晾干备用。

2. 将桂圆壳加清水下锅，水开后转小火煮40分钟到1小时，直到汤汁的颜色变深。

3. 过滤出桂圆壳水饮用。

【功效】

预防受风后引起的急性荨麻疹（风疹）。

允斌叮嘱

1. 荨麻疹急性发作，说明体内风邪较重，桂圆壳的用量要大，效果才好。
2. 有些桂圆为了外观好看、防虫会涂黄粉，这种桂圆壳不要用。

读者评论

1. 荨麻疹用蜂蜡蒸鸡蛋和桂圆壳1斤（500克）煮水喝，很有效。

——9群读者

2. 亲身经历，前两天第一次急性荨麻疹发作，开始是脖子，很快脸上、下肢、手心、脚心都痒得很。去医院，医生建议输液，开了抗过敏的西药。我没有吃药，直接拿出冬天囤下来的桂圆壳，也不清楚有没有500克，煮水当茶喝，三天就消了。

——40群g|oria

3. 桂圆壳煮水对荨麻疹真的管用。昨晚吃了药稍微有所缓解，今早又有点复发，之后一直煮桂圆壳水喝，现在基本上不痒了。

——6群读者

4. 手部不小心被蚊虫袭击了，引发了虫咬皮炎即急性荨麻疹。西药让我的胃不舒服，尝试了陈老师推荐的龙眼（桂圆）壳煮水喝，每天一碗，连续七天，剩余的就用小毛巾蘸着龙眼壳水浸洗一下手部，擦干以后我还涂了菜籽油。奇迹很快出现，睡眠恢复到了生病前的正常状态，身体排毒也很好，没有因为外界环境有寒有风而头疼，手部皮肤也变得光滑如初，没再痒过。

——27群读者

如果荨麻疹经常发作，或者一直反复不好，可以喝这道茶饮来调理。

经过多年实践，我在这个方子里加了甘草，抗过敏和修复皮肤的作用更好。

抗敏酸梅汤

【原料】

乌梅100克、生地黄150克、甘草30克。

【做法】

1. 把全部原料分成10份，分别装入10个茶包袋中。

2. 每次取1袋，放入随身杯。冲入沸水，闷20分钟后当茶喝，可以反复冲泡。有条件煮水更好。

【功效】

1. 调理荨麻疹。

2. 滋阴养血。

3. 润肤止痒，抗过敏。皮肤干燥并且容易过敏发痒的人可以常喝。

允斌
叮嘱

1. 喝这道酸梅汤时，不要同时吃猪肉或血豆腐。

2. 有慢性荨麻疹的人，要注意防风，不要吃太多鱼、虾、蟹、鸡蛋、牛奶之类的"发物"。

1. 我之前身上长风疙瘩，按老师对应的茶方喝好了。

——极简主义者

2. 抗敏酸梅汤，荨麻疹发作喝了效果不错！

——简单着幸福

3. 乌梅10克、生地黄15克是大人用量。3岁多宝宝我就给减半了。我用养生壶炖煮了20分钟，宝宝过敏红疙瘩起在手臂和腿上，喝了没多久疙瘩就变淡了，今天已不明显了。

——29群读者

4. 我一直反复过敏，也是喝老师推荐的乌梅地黄茶才有效果的。而且我反复试验了好几次，没有比这效果更好的了。自从喝了几次乌梅地黄茶后，再也没有反复过敏了。

——29群磊子

5. 我前一阵小腿痒，表面看不出什么。那几天经常喝加强版顺时粥，还有乌梅汤，不知不觉就不痒了。

——37群海丽

很多人小时候或年轻时感染了水痘，长大后当身体湿热重时，就可能发生带状疱疹。根据我家的经验，用这道清毒利湿茶调理是比较有效的。

清毒利湿茶

【原料】
马齿苋300克（干品）、薏苡仁600克、红糖100克。

【做法】
1. 薏苡仁放入无油的炒锅，用小火炒至微黄，用料理机打成粉末。
2. 马齿苋用剪刀剪碎，和薏苡仁粉末、红糖一起分成10份，装入10个茶包袋。
3. 每次取1袋，冲入沸水，闷20分钟后饮用，可以反复冲泡。有条件煮水更佳。

【功效】
1. 带状疱疹发作时的保健茶饮。
2. 抗病毒，祛湿热，降血脂。
3. 调理皮肤湿癣。

允斌叮嘱 把这道茶饮的原料煮成粥，每天当早饭吃效果更佳。

读者评论

1. 前阵子爸爸喷农药时脸上过敏了，后来发展成带状疱疹，打吊瓶两周多都不顶用，去医院开了药也一直好不了，结不了痂。后来来到我这里，我按老师的小茶包，让他喝了鱼腥草和清毒利湿茶，大概三四天结的痂就掉了，从此老人不那么固执了，我让他们喝啥他们就喝啥。

——向海的太阳

2. 感染了带状疱疹，喝马齿苋榨汁和马齿苋薏苡仁红糖茶，现在患处基本上都结痂了。

——桂

3. 带状疱疹，用马齿苋和薏米煮水喝，还有每天一斤鱼腥草榨汁喝。我是吃了一星期好的，没有发展。

——9群读者

4. 马齿苋真的好好，我爸爸身上痒痒的疱疹都好了，就是用马齿苋的汁涂抹疱疹，又按照老师的马齿苋薏米粥方法吃好的。

——香英

5. 这次用马齿苋、炒薏米和红糖，对带状疱疹的治疗起了关键性的作用。它抗病毒，祛湿热，我用它泡水喝，一整天没有味了再换新的。就这样几天，患处很快就结痂了。

——桂

6. 我儿子疱疹性咽峡炎，吃了两天的马齿苋，喉咙里的包消肿了，但还有点红。今天再吃一次。

——岁月静好

　　植物越接近根部，药性越好。大家一般把芹菜根切下来扔掉，很可惜，其实它是肾脏的清道夫，可以帮助肾脏排出湿毒。

　　肾脏湿毒淤积有什么后果呢？会引起湿疹反复发作，下巴长痘。特别是男性，许多人爱喝酒，吃很多肉食，容易造成肾有湿热，有的人会在腰上长湿疹，有的人则会出现小便疼痛、小便出血，甚至像米汤一样发白、混浊等症状。

　　平时多用芹菜根，可以帮助身体把这些毒及时排出去，让肾脏系统保持清洁。

芹根甘草茶

【原料】

干药芹根60个、甘草60克。

【做法】

1. 药芹根切碎，和甘草一起分成10份，分别装入10个茶包袋。

2. 每次取1袋，放入杯中，冲入沸水，闷20分钟后饮用。

【功效】

1. 调理恶心、反胃、呕吐。

2. 清胃，解毒。

3. 预防皮肤湿疹。

怎样使用芹菜根？

　　把芹菜根用热水加上面粉泡洗 10 分钟以上，冲洗干净，再用开水烫一下。可以直接用新鲜的，也可以晒干备用。

　　这个方子里的甘草也非常重要。甘草既能解毒抗敏，又有助于皮肤修复。

　　读者评论

1. 我妈妈有湿疹，我应该是遗传的湿疹，每年春夏痛苦不堪，医院不知跑了多少次都没有用。给妈妈买了允斌老师的书，她在书里找到这个方子。我们从立春开始喝，一周三天，一开始没放在心上，直到昨天妈妈提醒才发现，今年已入夏这么久了，我和妈妈的湿疹都没有复发，简直不敢相信，陈年顽疾就被允斌老师这么简单便宜的一个小茶方给治愈了。

——点多多

2. 儿子小儿湿疹又复发，忍不住地挠，痒痒。他爸带他去医院开了一堆药，吃的、擦的。我坚持要用陈老师的食方，我不想儿子小小年纪就吃这么多西药。和老公约定，让孩子喝一周试试，不行再吃药。哄着儿子喝了一周，肉眼可见的湿疹面积减小，红肿消退，结痂。不信中医养生的老公这下彻底信服陈老师了。

——14群小迪

皮肤过敏红疹、湿疹应急小茶方：鱼腥草榨汁喝

接触过敏原或日晒后，皮肤出现颜色发红的小疹子，可以用新鲜鱼腥草榨汁喝。

鱼腥草汁

【原料】
新鲜鱼腥草500克。

【做法】
新鲜鱼腥草洗干净，
榨成汁饮用。

【功效】
有助于皮肤出现以下问题时的应急护理：

1. 湿疹急性期（颜色发红）。

2. 日光性皮炎。

3. 皮肤过敏引起小红疹（不是大块的荨麻疹）。

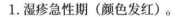

读者评论

1. 去年手上起了湿疹，有白头，特别痒，抓破流水的那种。买了鱼腥草榨汁喝，结果第二天白头就干瘪了。今年一点都没有痒痒，往年痒痒得都抓破了。

——蓝天白云

2. 每次长带状疱疹，喝两次鱼腥草水，马上就不痒了，很快就可以好起来。

——陈巧莹

3. 前年腰部起了疱疹，连续喝了五天的鱼腥草茶，大大见好。后续又喝了几天就好了，一点药都没用！

——百合

瘦身不要节食——调理六种不同肥胖体质的家传小茶方

减肥其实并不是件很难的事情，但许多人却在这个问题上找错了方法，陷入了恶性循环。我观察过的所有实例都证明，靠拼命地节食来减肥，一定会反弹，而且还可能导致虚胖。一些减肥药通过泻药的作用让人体丢失大量水分，既伤肠胃又伤气血，停止服用后还会反弹。

　　肥胖是有不同类型的，一定要针对不同的体质来下手，否则就会适得其反。我把常见的肥胖体质分成六种类型，分别设计了一款简单的减肥茶方，您可以按照自己的身体状况，对症调理。

　　只要找对了方法，喝茶也能帮助你轻松瘦身。

这是一道适合身体偏寒性的痰湿型体质人喝的降脂减肥茶。

痰湿型体质有什么特点呢？四肢沉重，喝水都会胖，心脏负担重。痰湿型肥胖，就是俗话所说的"喝水都胖"型。

飞燕茶

【原料】

陈皮180克、干荷叶120克。

【做法】

1. 干荷叶撕成碎片，陈皮掰碎。

2. 全部原料分成20份，装入20个茶包袋。

3. 每次取1袋，沸水冲泡，闷20分钟后饮用。可以反复冲泡。

【功效】

化痰祛湿，瘦身。

| 允斌
叮嘱 | 1. 胃寒的人可以用炒荷叶代替生荷叶。
2. 女性经期勿饮荷叶。
3. 荷叶"刮油"的作用很强，营养不良、身体瘦弱的人不要多喝。 |

1. 我属于寒湿型体质，喝了大半年的荷叶陈皮茶，体重从123斤降到了现在的108斤。

   ——29群读者

2. 陈皮荷叶茶特别好，去年喝了三个月瘦了4斤，身体没有任何不适。

   ——清尘

3. 减肥40天，已瘦12斤，每天都喝陈皮荷叶茶。

   ——小叶

4. 用罗汉果煮水泡陈皮荷叶茶，我老公喝了一星期后，痰少了，气顺了，整个人也轻松了。

   ——3群读者

5. 得知自己是寒湿体质后，开始用此茶饮。我非常执着地用了一个夏天，许久不见的朋友见面后的第一句是："哟，瘦了！"更令我惊喜的是，10月底单位体检，原本左肾上的一个小囊肿没了。我还不相信，请医生再次检查确定，回答还是没有。回顾大半年来的饮食，唯一不同的是今年喝了荷叶陈皮茶。中医讲囊肿其实就是湿。陈皮燥湿化痰，荷叶提升阳气，两者结合化湿祛寒，给了我一个意外之喜！

   ——法图麦&杨

6. 跟着老师顺时生活，喝减肥祛湿的荷叶陈皮茶，夏天喝姜枣茶，感觉体内湿毒慢慢在排出，并且瘦了30斤！多年来终于瘦下来了。

   ——桐桐^Day^

7. 我的寒湿很重, 妇科炎症也很重, 而且便溏。喝了一个月的陈皮荷叶茶, 感觉湿气少了很多。

——越来越好·王华

8. 荷叶陈皮瘦身茶祛湿气的效果特别好, 炎热的暑天, 闷得头晕晕乎乎的, 喝这款茶饮, 头脑清爽, 浑身轻松。

——静听花开

9. 之前胸闷, 去医院检查了好几次, 都说没什么。喝陈皮荷叶茶一个多月后, 胸闷自然地好转, 脚上起的泡泡也变少了, 人瘦了好多, 也精神了。

——颖

10. 喝了飞燕茶后, 原来喉咙处的黏腻感好了些, 便溏的现象也有所改善。

——cai

11. 自己湿气特重, 大便溏稀。原以为吃凉性的东西都会拉稀, 其实不然。跟着陈老师的养生节奏, 最近早上吃顺时粥, 白天泡陈皮荷叶茶, 再也不拉稀了。每天大便正常了, 人也轻松舒服多了。以前每年住一次院, 检查又没有大病, 可能就是寒湿作怪。

——碧碧

12. 我现在喝着姜枣茶和陈皮荷叶茶, 饭量一点也没减, 甚至比以前吃得还多, 但是并没有胖, 大便非常顺畅, 感觉人比以前瘦了一圈。

——comilia

13. 喝了飞燕茶, 腰会不知不觉瘦下来, 那种感觉妙极了。

——陈颖

14. 给老公喝了三天的陈皮荷叶茶, 晚上最明显的就是不怎么打呼了!

——我的世界

15. 从4月25日开始喝荷叶陈皮茶, 立夏后又坚持喝姜枣茶, 昨天晚饭后称重竟然减了5斤, 很开心。

——惜溪

湿热型肥胖：吃得多、喝水多、痘痘多、便秘、怕热
喝消肿瘦身"楚腰茶"（冬瓜皮荷叶茶）

　　湿热型肥胖的人体内湿热比较重，面色发黄，吃饭出汗，食欲特别好，饿得特别快，经常口干舌燥想喝水，常发皮肤病。这类人减肥的重点在于清热祛湿。

楚腰茶

【原料】
干冬瓜皮120克、干荷叶60克。

【做法】
1. 吃冬瓜时把冬瓜皮削下来，晾干备用；再取新鲜荷叶晾干。也可以到药店直接购买冬瓜皮、荷叶的干品。
2. 把冬瓜皮和荷叶分成10份，分别装入10个茶包袋。
3. 每次取1袋，用沸水冲泡，闷20分钟后饮用。

【功效】
1. 降脂利水，消除身体水肿。
2. 清热祛湿，减肥。

允斌
叮嘱

1. 这款茶适合痰湿体质又有内热的人。
2. 胃寒的人不要喝。
3. 女性经期勿饮荷叶茶。

1. 冬瓜荷叶茶效果很好，能祛湿排毒，从而达到减脂的效果。我坚持喝了半个月，肚子上的肚腩小了，身段更加苗条了。

——格桑

2. 冬瓜荷叶减肥茶，我先生喝了这款减肥茶效果很好，减了20多斤。

——杨爱莲

3. 我小腿很粗，很结实，用手都摸不着骨头，看起来像是肿着，其实不肿。去年喝姜枣茶，不是每天都喝。喝了一夏天荷叶陈皮冬瓜茶，自我感觉小腿没有那么结实了，也细了。

——33群读者

4. 每天一个茶包带去办公室，不知不觉喝了一个月，昨天称体重发现竟然轻了4斤，肚子小了很多，在办公室坐一天腿也不怎么肿了。根据老师的方法对照自己的体质减肥，果然事半功倍。

——裕祥

　　痰瘀型肥胖，由于体内长期有痰湿，造成瘀滞，容易形成高血压、高血脂、脂肪肝，皮下长脂肪瘤，特别爱睡觉。这类人减肥的重点在于化瘀、消痰、降脂。

惊鸿茶

【原料】

荷叶100克、生山楂（干品）100克、川陈皮300克。

【做法】

1. 干荷叶撕成碎片，陈皮掰碎。

2. 全部原料分成20份，分别装入20个茶包袋。

3. 每次取1袋，沸水冲泡，闷30分钟后饮用，可以反复冲泡。

【功效】

1. 降血压，降血脂。

2. 顺气，化痰，化瘀，排毒。

3. 有很强的降脂减肥功效。

允斌
叮嘱

1. 女性经期勿饮荷叶茶。

2. 觉得山楂喝起来太酸的人，可以加入一个罗汉果同泡或煮水，味道更好，并能增强降脂减肥的效果。

1. 这个配方挺好的，我老公应酬多肚子大，喝了一段时间肚子明显小了，减内脏脂肪效果挺好。

——跃跃

2. 这款茶对痰湿肥胖效果特别好。我婆婆今年80岁，检查出高血脂、高血压，体重75千克，真的是喝水都胖。平时很困，爱睡觉，四肢沉重，痰多，易感冒，漏尿。坚持喝了一个多月，明显一天比一天瘦，原来虚胖脸都肥大，现在脸、腰都收紧了。一称体重减到65千克了，人也精神了，也不喘了。

——小杨

3. 血脂高又不想吃药，近半年一直在喝惊鸿茶。时间允许的时候，习惯用煮花茶的办法煮了再喝。为降低山楂的酸口，有时会加罗汉果，春天时常加玫瑰。

——行者

4. 老公昨天开始咳嗽，而且越咳越频繁。问他喉咙痛不，他说不痛；听他咳嗽，有点痰鸣音；没感冒，没上火。我猜想他是不是过年期间吃肉太多了，像小孩那样积食了，导致体内有痰湿。我用罗汉果煮水泡惊鸿荷叶陈皮茶给他喝，喝了两次，傍晚就不咳了，晚上安稳地睡了一觉。陈皮理气，荷叶祛湿，山楂消食，再加上罗汉果水润喉，对症下药效果特明显！

——敏

痰热型的人痰湿重，有内热，又有假性口渴，平常容易上火。

绿袖茶

【原料】

川陈皮10个、干荷叶120克、菊花60朵。

【做法】

1. 干荷叶撕成碎片，陈皮掰碎。

2. 全部原料分成20份，装入20个茶包袋。

3. 每次取1袋，沸水冲泡，闷20分钟后饮用，可以反复冲泡。

【功效】

1. 化痰，祛湿热，调理假性口渴。

2. 降脂减肥，适合容易上火的痰热型肥胖者。

| 允斌叮嘱 | 1. 女性经期勿饮荷叶。 |
| | 2. 假性口渴就是经常感觉口渴但又喝不下去多少水。这种人不是真的缺水，而是痰湿阻碍了水液上行，导致口干舌燥。有这种情况的痰热型肥胖者可以常喝此茶。 |

读者评论

最喜欢陈老师的四款瘦身除湿茶，因为它让我们全家人的身体都祛除了痰湿，让我们都瘦下来了，大便也更通畅了，人都轻盈了一些！

——口子哥

气虚型肥胖的人虽然看起来胖，其实体重并不重，身上的肉十分松软，属于典型的"虚胖"。这种体质的人爱出汗，抵抗力差，不能通过节食来减肥，必须补，减肥的重点在补气。

黄芪又称小人参，它的作用与人参相似，都是补气良药。但人参补的是元气，作用迅猛，不能轻易使用。而黄芪补的是脾肺之气，比较温和，效果却很强大。

补气瘦身茶

【原料】

黄芪300克、茯苓150克。

【做法】

1. 把黄芪和茯苓一起放在锅里，用清水泡1小时。

2. 大火煮开，再用小火煮半小时，滗出药汁。

3. 重新加水再煮两次，水开后煮半小时，滗出药汁。

4. 把三次的药汁混合在一起倒入锅内，煮到浓缩，放入冰箱冷藏。

5. 每天取大约1/10放入随身杯，加开水调稀饮用。

【功效】

1. 祛湿，补气，减肥，适合气虚型肥胖。

2. 消除下肢水肿，预防大腿粗胖。

允斌
叮嘱

1. 感冒、咳嗽、痰多时不要喝。

2. 每次饮用时还可以加入10克枸杞子，增强调节内分泌的作用。

读者评论

1. 喝姜枣茶，吃茯苓黄芪粥，接着吃雪耳，不美都难。今年见到同事朋友，都说我变年轻、变漂亮了。

——文文

2. 喝了黄芪茯苓粥，大拇指上的火疖消失了，脸上黄色的皮肤变白了！

——海的玫瑰

有一种"隐形肥胖"，人很瘦却有脂肪肝，或是只有小腹胖。这种肥胖跟肝气郁滞和血瘀有关系。这类体质的人脸色和唇色会比较暗，减肥的重点在理气活血。

这款茶饮里的胡椒粉很关键，能增强活血瘦身的效果，还有暖肾的作用。胡椒能够起到引火归原的作用，把人体内的火引到它该去的地方，发挥它该发挥的作用。柠檬皮是理气的，与胡椒粉搭配能很好地理气活血。

柠檬胡椒茶

【原料】
新鲜柠檬1个、胡椒粉2克、红糖适量。

【做法】

1. 把柠檬放在加面粉的清水里浸泡10分钟，清洗干净。

2. 将柠檬切成两半，把柠檬汁挤入杯中，再把挤过汁的柠檬切成片也放入杯中。

3. 加入胡椒粉、红糖，冲入温水饮用。

4. 第二次冲泡时，改为沸水冲泡，闷5分钟后饮用。可以反复冲泡多次。

【功效】

1. 调理月经不调。

2. 理气活血，消除胃部胀气。

3. 排毒瘦身，适合气滞血瘀型肥胖。

允斌叮嘱

1. 第一次冲泡的时候，一定要等水温降下来再放柠檬片，否则会破坏新鲜柠檬的营养。

2. 柠檬可能会使某些人产生光敏反应，喝过之后不要在太阳下暴晒。

3. 选胡椒的时候，白胡椒散风寒的作用更好，黑胡椒暖胃的作用更好。

1. 每天半个柠檬（一个太酸），才喝了一个星期，就感觉肚子没那么大了，胃还特别舒服。还有从去年十月份开始过午不食（偶尔吃一顿），已经减了10斤了。

　　　　　　　　　　　　　　　　　　　　　　　　　　　　　　——源缘

2. 柠檬+胡椒+红糖=减掉赘肉20斤。

　　　　　　　　　　　　　　　　　　　　　　　　　　　　——染灰的胭脂

3. 都说胖子不怕冷，我却是怕冷的胖子。看了允斌老师的书才知道原来是肝气郁滞导致的肥胖，需要理气。胖子都很懒，这个茶方因为很简单，所以我才尝试了下，断断续续喝了一个月，小肚子小了好多，最明显的还是唇色好了很多，没有之前那么暗沉了。

　　　　　　　　　　　　　　　　　　　　　　　　　　　　　——小妞妞

4. 生完二宝后就一直没有瘦下来，各种方子都用了。柠檬胡椒茶喝了五天后皮肤好了，肚子显著变小，现在又加上老师教的"过五不食"，我已经成功瘦下来了。

　　　　　　　　　　　　　　　　　　　　　　　　　　　　　　　——林

5. 伏案工作经常头胀，脾胃消化慢，喝了柠檬胡椒茶感觉好了很多。这款茶帮助活血化瘀，人的气色也好了很多。

　　　　　　　　　　　　　　　　　　　　　　　　　　　　——明～贵州

青春期肥胖：青少年皮肤油性爱长痘，便秘，有时咳嗽，喝"抗痘消痰茶"（果菊清饮）

青春期肥胖如果是胖在皮下脂肪，不需要专门减肥。但是现在的青少年由于学业繁忙、饮食不节，很多孩子内脏脂肪偏高，皮肤油腻，经常长青春痘，还便秘。这类人可以常饮本书前面提到的果菊清饮来消脂。

抗痘消痰茶

【原料】
罗汉果5个、鱼腥草200克、菊花20克。

【做法】
1. 罗汉果全部压破，和鱼腥草、菊花一起分成20份，分别装入20个茶包袋。
2. 每次取1袋，闷泡20分钟后饮用。有条件可将罗汉果先煮水，再冲泡鱼腥草和菊花。
3. 一日3袋。

【功效】
1. 调理有黄痰的慢性咳嗽。
2. 消炎，排毒，清肺热。
3. 调理青春痘。

允斌叮嘱
罗汉果润肠通便的效果温和，老年人也可以用。

1. 大宝10岁了，流鼻血止不住。用了一包果菊清饮，一连几天再也没流鼻血。关键是这个茶甜甜的，孩子能接受。今天继续喝果菊清饮。

——默

2. 今天孩子起床后咳嗽带痰音，煮了罗汉果鱼腥草水，出发前喝了几口，下午回家已经不咳嗽了，也没有痰音了，真是太棒了！

——小蛋饺子妈妈事多

3. 昨天干咳几声，今天煮了果菊清饮，一大早喝了一杯，一天都没见咳嗽，用了老师的方子立马见效。

——weijuan

4. 前两天嗓子有点不适，除了偶尔打几个喷嚏没有别的不舒服。昨晚睡觉前喉咙疼得厉害，今天早上煮了果菊清饮，喝了三杯左右。之前嗓子有痰，咽不下去又吐不出来，现在感觉痰明显少了，疼痛感也轻了。

——小慧

5. 我昨天牙疼得想死，半边头都疼，牙龈肿得像个车厘子，连带着耳朵也疼，脖子也有点肿。赶快熬了个罗汉果，加了一大把鱼腥草和几朵白菊，喝了两杯，睡下了。半夜就感觉牙龈不肿了。早上起来，除牙还有些微痛外，别的症状全都消失了。早上又把昨晚没喝完的鱼腥草水热来喝了半杯，现在牙完全不疼了。

——欢喜

6. 前段时间天干物燥，上火了，嗓子痛，牙也痛！于是想起老师的"果菊清饮"，煮水喝了，下午就好些了。第二天又煮了一包，全好了！两天搞定，实在是太赞了！过了两天，孩子放学回来也出现了嗓子痛的症状，马上给她也煮了一包。孩子开始以为是苦的，不愿喝，告诉她很甜，她立马端碗喝了起来，喝完就说："妈妈，好喝！嗓子舒服多了！"第二天早上起来，她的嗓子已经不痛了！还主动催我去给她煮水喝！

——素颜

十
一

补血调血
小茶方

这是个传统方，产妇在产前吃可以增强体力，补益作用很强，所以称其有胜过人参之功。

原方出自清代王孟英的《随息居饮食谱》："玉灵膏，一名代参膏。自剥好龙眼，盛竹筒式瓷碗内，每肉一两，入白洋糖一钱，素休多火者，再入西洋参片，如糖之数。碗口幂以丝绵一层，日日于饭锅上蒸之，蒸到百次。凡衰羸、老弱，别无痰火、便滑之病者，每以开水瀹（yuè）服一匙，大补气血，力胜参芪。产妇临盆服之，尤妙。"

由于现在的白糖已无以前白糖的功效，所以我把这个方子改为配蜂蜜。蜂蜜是补益药常用的药引，可以增强滋补作用。同时它微微偏凉性，可以平衡一点桂圆肉的热性。

代参饮特别适合于身体虚弱、贫血、用脑过度的人，能大补心血。

代参饮

【原料】

干桂圆肉500克、蜂蜜50克。

【做法】

1. 把干桂圆肉切碎，加蜂蜜拌匀。

2. 上锅蒸2小时（至少2小时，最好蒸上6小时）。晾凉后放入冰箱冷藏。

3. 每次取2勺，用沸水冲泡，闷10分钟后饮用。

【功效】

1. 大补心血，适合用脑过度、体虚贫血的人。

2. 补血，增强体力。

3. 改善面色苍白。

1. 现在有些朋友做这个方子总喜欢放西洋参，我不是特别建议。王孟英前辈说过素体多火的人才放西洋参，所以只有阴虚内热体质的人可以酌加一些。

2. 心血虚的人常常有睡眠不实，入睡比较困难，睡觉以后容易惊醒，醒之后还会有一种心悸的感觉。这样的人可以四季常服代参饮。

读者评论

1. 我原来蹲下去站起来，眼前发黑、眩晕，站不住，要闭上眼睛缓一会儿才行。吃了这个代参饮之后，现在蹲下去，即使蹲久一会儿站起来，没有任何不适的感觉；以前晚上睡觉梦特别多，现在感觉梦少一些了，睡得沉了。

——简单

2. 大儿子贫血，用眼用脑多，特别为他制作了简单又不上火的代参饮。只有坚持服用才会看到效果，亲测有效，相信陈老师。

——简简单单

3. 坐月子的时候就是喝这个代参饮，效果非常好。人参我不能吃，一吃就躁得慌，嘴角起泡，这个喝完不上火，体力明显有很大的提升，不会觉得虚弱无力使不上劲，精神好很多，脸上也有了血色。从怀孕开始就跟着老师顺时养生，会一直保持下去的。

——天涯海角

4. 我已连续吃了近一个月的蜂蜜蒸桂圆，困扰我十几年的贫血终于有所好转，自我感觉头晕有改善，睡眠好了很多，特别是心肌缺血的影响基本没有了。去年冬天我常常深夜两三点都无法入睡，心跳得厉害，实在没办法，最后去输血后才有所缓解。我努力地跟着陈老师养生，蜂蜜蒸桂圆以前吃了好几次，都因上火而被迫中断。这次是加长蒸的时间，足足蒸了40个小时，这样吃就不容易上火了。坚持吃了一个月，终于初见成效。不过还要继续，让身体愈来愈健康。

——17群读者

允斌解惑

1.简单问：书上写上锅蒸2小时，可是我之前也有看到写的是蒸6小时，到底蒸多长时间呢？桂圆是蒸的时间越长越好吗？那蒸12小时可以吗？我有时候是放在顺时粥里一起吃，就是粥快煮好的时候，放两勺进去，闷一会儿，就和粥一起吃了，这样吃可以吗？

允斌答：可以久蒸。蒸的时间越长，越不容易上火。蒸好后的代参饮，放顺时粥或者银耳羹里一起吃都很好。

2.枫问：大补心血茶方把干桂圆肉切碎和蜂蜜拌匀，上锅蒸2小时，不明白为什么用蜂蜜，蜂蜜在此起什么作用？蜂蜜经高温蒸2小时，它的营养成分不都消失殆尽了吗？

允斌答：蜂蜜是可以高温加热的，一些网络流行的说法并不全面。加热后，或许会损失一点活性物质和花香。正如把菜炒熟也会损失部分维生素，可我们并不会因为这样就只吃生菜。食物生、熟各有其作用，蜂蜜也是如此。
蜂蜜是辅助中药的药引，中成药蜜丸多以蜂蜜制作。在这个方子里，我们取的是它与桂圆共同蒸制的作用。

"血药不容舍当归"——凡是与血相关的病，都可用到当归。

将当归与黄芪搭配，气血双补，生血的效果倍增。

这个方子，气血两亏的人长期代茶饮都可以。古人是把黄芪看成食材的，运用在寻常餐食之中，特别是大病初愈，或是长期吃素的时候，由于气血营养不足，他们往往会用到黄芪来补气。

补气生血饮

【原料】

生黄芪600克、当归120克、红糖100克。

【做法】

1. 把当归、黄芪放入锅内，加适量冷水，泡1小时。

2. 大火煮开，转小火煮半小时，滗出药汁。

3. 重新加水再煮两次，水开后煮半小时，滗出药汁。

4. 把三次的药汁混合在一起倒入锅内再煮，煮到浓缩，加红糖，熬到浓稠，呈膏状。

5. 放入冰箱冷藏。每次取大约1/20，放入随身杯，加开水调匀后饮用。

【功效】

1. 补气生血，清虚热，适合气血虚弱的女性，特别是贫血的更年期女性，可以调理血虚、产后或手术后失血过多引起的皮肤燥热及口渴却不能喝凉水的虚热现象。

2.增强骨髓造血功能，活血生血，预防子宫肌瘤。

3.孕期长蝴蝶斑的女性，分娩后饮用可以淡斑。

允斌叮嘱 这个配方为经典的补血名方，补血效果相当强。其中黄芪、当归的比例不要轻易改变，一定是5:1效果才好。用这个比例配伍的当归和黄芪一起煎煮，所产生的功效最佳。

读者评论

1. 我气血不足，而且有多囊卵巢综合征，所以脸上斑点特别多，而且颜色很深。月经一直不规律，月经量也少，人的精神状态也不好，整天昏昏沉沉的，总感觉没睡醒，很疲惫，做什么事都提不起劲儿，所以就试着用了这个补气生血的方子。吃了一段时间，不记得具体多久了，脸上的斑点明显淡了很多，皮肤也白嫩了，精神状态也好了很多，没那么疲倦了，感觉人清醒了，做事有劲儿了。

——简单

2. 补血膏很好，对我很有效果。吃了补血膏，我的精神好多了，拇指指甲竖线变浅了，脸色也变好了。

——灵

3. 这本书我拿到手后爱不释手，一直放在床头，没事就翻看，里面的每一个茶方都好喜欢。但是我目前主要用的是更年期方面的。黄芪当归红糖饮，我用了效果非常好，出汗有改善。

——幸福持有者

4. 我觉得效果相当明显啊。我这段时间贫血严重，休息不好，前天晚上煮了黄芪、当归，加点红糖进去熬成膏，就喝了一次，感觉气足了，眩晕也减少了。

——6群读者

5. 最近几天喝黄芪当归补血饮，睡眠质量明显提高。晚上10点睡觉一直睡到早上5点。

——芳芳–湖北

6. 上个月来月经前后，我连续喝了一个星期当归黄芪红糖水。这个月又准时来了，也不像以往那样乳房胀痛、小肚子痛了。

——清晨的阳光

允斌解惑

1. Smile问：当归黄芪水月子里能喝吗？是不是得等恶露排净了才能喝呢？

允斌答：产妇在月子里喝过荠菜水、吃过鱼腥草炖鸡这两个产后食方之后，就可以喝了。

2. 简单问：补气生血饮中黄芪、当归按5∶1的比例可以补血，那可不可以加上党参一起熬煮呢？补气生血的效果会更好吗？如果可以，那党参的比例是多少？我体质很差，气血不足严重，可不可以长期吃呢？

允斌答：党参也是治疗贫血的重要中药，加党参可以增强补气血的作用。每日15～30克。这个方子是可以长期饮用的。

3. 畅烊问：我气血虚，现在正在喝黄芪当归茶，感觉整个人皮肤红润了很多。黄芪当归茶可以加红枣吗？

允斌答：当归黄芪是基础方，在这个基础上，根据个人情况加入党参、红枣、玫瑰、红糖等食材都是可以的。

　　体内有血瘀的人，往往嘴唇发乌、发紫，皮肤也容易变得粗糙。有的人在身体的某个部位还经常会有顽固性的疼痛，女性会痛经。这样体质的人要以养心为重点。心主血脉，如果心脏功能强，血就不容易瘀阻。

　　这道茶既养心、补肾，又可以活血化瘀。

桂圆核桃茶

【原料】

桂圆肉500克、核桃仁250克、红糖250克。

【做法】

1. 核桃仁保留外皮，掰成小块，和桂圆肉一起，加7杯清水下锅煮开。

2. 转小火煮1.5小时，煮到剩2杯水左右关火。

3. 用漏勺将桂圆肉和核桃仁捞出，只留煮过的汤汁。

4. 重新开火，加入红糖搅拌，溶化后关火，晾凉，放入冰箱冷藏。可以放两个星期。

5. 每次取大约1/5杯，放入随身杯，加开水温热饮用。

【功效】

1. 暖宫通经，产后补血，预防老年痴呆。

2. 温补心肾，活血补血，养心安神。

3. 红润面色、唇色。

1. 煮过的桂圆核不要扔了，可以洗干净晒干入药用。如果您买的是带壳的桂圆，剥下来的桂圆壳也不要扔掉，可以留下来泡茶。

2. 煮过的核桃仁可以吃掉。核桃是温补的，还有通便的作用，但火重、腹泻时不要多吃；感冒痰多时不要吃；喝白酒或浓茶时不要同时吃核桃。

读者评论

1. 桂圆核桃茶，坚持喝气色好！

——萧小草

2. 核桃桂圆红糖茶，化瘀血，补心血，改善唇色。

——珉珉

3. 我喝桂圆核桃茶一年了，效果好极了，睡眠好了，梦也少了。以前一整晚轰轰烈烈做梦，早起累得不行，干什么都没劲儿。

——多肉繁露

4. 昨天来月经头疼，喝了桂圆核桃茶，不疼了。

——家种苹果

5. 我有血瘀的情况，月经都是黑血，便秘也很严重。喝了陈允斌介绍的桂圆核桃茶一段时间，感觉好了很多，月经颜色正常了，也不痛经了。

——29群读者

6. 我昨天来大姨妈头疼了一天，一个部位一直在疼，用经络梳梳像刀扎一样疼，梳完会好一阵子。马上煮了桂圆核桃茶，喝完就睡觉了，一觉醒来不疼了，今早起来也很舒服。

——明

　　长期血虚也会造成阴虚。有的人睡觉时觉得燥热不舒服，就会把被子撩开。撩开被子冷，盖上又出汗，这就是阴虚盗汗，可以喝乌梅大枣汤来改善。

乌梅大枣汤

【原料】
乌梅60个、大枣30枚、红糖20小块。

【做法】
1. 大枣掰开，和乌梅、红糖一起装入茶包袋，每袋装6颗乌梅、3枚大枣、2块红糖。
2. 每次取1袋，放入随身杯。冲入沸水，闷20分钟后当茶喝，可以反复冲泡。

【功效】
1. 改善睡觉出汗的现象。
2. 清虚热，养气血。
3. 润泽肌肤。

> **允斌叮嘱**　乌梅是一种中药，在正规药店都有卖。

1. 乌梅大枣汤,调理小孩睡觉出汗特别管用。以前因为出汗这个问题,我给他吃了许多中药,后来我照着老师说的办法用上乌梅大枣汤以后,晚上真的不出汗了。偶尔发现他晚上出汗后用上它,也很快就好了。

——暖阳

2. 我阴虚内热,喝了两周乌梅大枣茶还挺有效果的,真是小茶方解决了我的大问题。

——兰竹

3. 昨天喝了乌梅大枣汤,夜里再没出汗。之前,轻则脖子一溜汗,重则后背一层汗。乌梅大枣汤滋阴止汗功效显著。

——法图麦&杨

4. 一个亲戚睡觉出汗,我就让她用养阴酸梅汤,一用一个准。

——神珠

5. 前两天看到孩子白天有点出汗过量了,晚上也出好多汗,昨晚煮了乌梅红枣汤给他喝了一小碗。睡之前我去看,汗明显少了。之前是头发湿透那种,给他吹干了,再次起来看,就没汗了!

——我的世界

6. 晚上睡觉胸前会出很多汗,按陈老师的方子做养阴酸梅汤,白天喝一天,晚上睡觉立马见效,真的太神奇了。无论感冒发烧、咽炎,都照着陈老师的方子去实践。自从跟着陈老师食养,几年下来不吃药、不打针,身体比之前好很多。

——尤艺霖

月季是通血脉的，可以防止血液过于黏稠，对于预防心血管病也有好处。

月季通脉茶

【原料】
干月季花60朵、枸杞子150克。

【做法】
1. 全部原料分成10份，分别装入10个茶包袋。
2. 每次取1袋，冲入沸水，闷5分钟后饮用，枸杞子可以吃掉。

【功效】
1. 防止血液黏稠，预防心血管病。
2. 疏通血脉，调养肝肾。

有的人经常无缘无故流鼻血，特别是小孩子，有时候晚上睡觉会流得满枕头都是。这是身体有内热的表现，可以喝这个茶方来调理。

松针的处理和储存方法：

1.用一盆清水，加少量面粉搅匀，放入松针，泡1小时，冲洗干净。

2.再用一盆清水，加少量碱粉溶化，放入松针，泡1小时，冲洗干净。

3.处理好的新鲜松针，可以放入冰箱冷藏，能保存一个星期。放在冰箱冷冻格，则可以长期保鲜，可以随时取出来用。

鲜松汁茶

【原料】
新鲜松针1把、生面粉1勺。

【做法】

1.把洗净处理过的松针剪成小段，加凉水用榨汁机榨出汁，用纱布或滤网滤出渣。

2.在松针汁中放入面粉，搅拌均匀，静置5分钟，等水澄清后，把澄清的部分盛入瓶中，放入冰箱冷藏，可以存放三天。

3.出门前灌入随身杯中，随时饮用。

【功效】
1.防治习惯性鼻出血。2.通便。3.祛除口气。

允斌 叮嘱	1. 鲜松汁止鼻出血的效果很好，通便的作用也很强。所以大便稀溏、腹泻时不要喝。
	2. 滤出的松针碎渣晾干后可以用来填充眼罩，也可用干净的布包起来敷眼，有明目的作用。

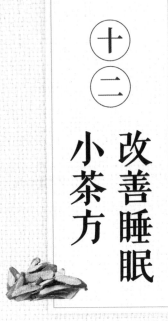

十二 改善睡眠小茶方

有的人睡觉特别"轻"，有一点动静就容易醒，有时醒了还不容易再睡着。这是血虚的缘故，造成"血不养心"，需要多补心血。

桂圆红枣茶

【原料】

桂圆肉60粒、红枣30个。

【功效】

1. 红枣掰开，与桂圆肉一起分成10份，分别装入10个茶包袋。

2. 每次取1袋，冲入沸水，闷20分钟后饮用，可以反复冲泡。

【功效】

1. 补血，安神，睡觉易醒、入睡困难的人常饮可以改善睡眠品质。

2. 补益心脾，改善气色。适合脾虚、贫血的人。

允斌 叮嘱	1. 体质偏寒的人可以加两三片生姜一起冲泡，做成桂圆姜枣茶，这样不会太过于滋腻。 2. 有湿气的人可以加入陈皮一起冲泡。 3. 感冒咳嗽痰多时暂时不要喝。

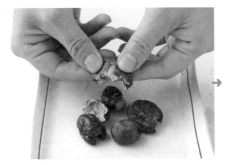 

1. 前段时间睡眠特别不好，入睡困难，半夜经常醒，有一点动静就醒了。还经常做很长的梦，感觉全身酸痛，特别累。喝了几天红枣桂圆莲子茶感觉入睡困难的症状好了很多。后来莲子吃完了，就只喝红枣桂圆陈皮茶，入睡困难的症状完全好了。

——3群读者

2. 我平时说话没力气，喝这个有帮助。

——晴

3. 我气血虚弱，脸上没血色，冬天手脚冰凉。经常喝桂圆红枣茶，在茶里加两片姜，现在脸上有点血色，做事也有精神，睡眠也好，身体比以前好多了。茶包小偏方，真能喝出大健康。

——凌姐

4. 老公贫血，我经常用桂圆红枣煮茶给他喝，外加黄芪、当归、红糖补气血的一起。

——姐1335675

5. 我还加了黄芪、当归、党参，对头部问题有很好的功效。

——ida

6. 坚持喝了半年，脸色红润细嫩，手脚不再冰凉。

——兜里侑鐥

7. 儿子怕冷，冬季常泡桂圆红枣茶给他喝，每次都说好喝，现在怕冷现象有所改善。

——Mahdis小公主

8. 我用过，补血补气不上火。

——海妹子

9. 这款茶饮，我每次喝后都感觉到自己的气色很好！

——幸福

10.补气血不错，要坚持一段时间才会有感觉。

——Mary

心烦、睡不着，伴有手脚心发热、睡觉出汗
——阴虚失眠，喝养阴安神茶

　　失眠时感觉心里烦热，辗转反侧，这是心火扰乱了睡眠。这种失眠如果是偶然现象，可能是压力或热毒引起的心火，可以喝莲子心甘草茶（见本书顺时强身篇203页）来调理。如果这种失眠长期出现，并且睡觉出汗（盗汗、手脚心发热），那是阴虚引起的心火，可以加入生地一起饮用，效果更好。

　　地黄是一种中药，生的叫生地，炙过的叫熟地。

　　生地滋阴的效果好，但有点凉性，适合阴虚有内热时用。

养阴安神茶

【原料】

生地黄90克、莲子心20克、甘草20克。

【做法】

1. 把生地黄打成粗末，和莲子心、甘草一起分成10份，分别装入10个茶包袋。

2. 每次取1袋，冲入沸水，闷10分钟后饮用，可以反复冲泡。

【功效】

1. 调理阴虚失眠，适合失眠时伴有手脚心发热、睡觉出汗的人。

2. 适合阴虚火旺的人饮用。

1. 养阴安神茶我用了一个多月后，睡眠好了，手心脚心不发热了，口腔溃疡好了很多。

——张桂兰

2. 晚上我手脚发热，烦躁不安，喝完养阴安神茶当天就能感觉出效果来！

——李香

3. 我是阴虚火旺体质，舌尖永远是红的，并且经常入睡困难、失眠。今年夏天看了老师的书，说是心肾不交导致的失眠，喝莲子心甘草茶，喝了之后很快入睡，并且睡得很实。从那之后，失眠就喝，简直就是灵丹妙药！

——苏丽

睡觉梦多、半夜醒——肝火大引起的失眠，喝舒肝解郁三花茶

失眠有不同类型，表现各不相同，对症调理效果才好。

如果经常半夜醒来睡不着，并且梦特别多，那是肝火扰乱了睡眠，喝玫瑰茶可以调理。

如果肝火比较重，则可以加入月季花和茉莉花一起饮用。

舒肝解郁三花茶

【原料】

玫瑰花6朵，肝火重者加月季花6朵、茉莉花12朵。

【做法】

沸水冲泡后随时饮用。

【功效】

1. 舒肝理气，解忧郁，调理肝火引起的睡眠问题。

2. 活血通脉，预防黄褐斑。

允斌叮嘱

1. 月季、玫瑰、茉莉都用干品，在茶叶店或超市可以买到。

2. 原料要选不含硫的。

读者评论

1. 喝了三花茶，感觉睡眠有改善，继续尝试。

——周晓玲

2. 我用玫瑰花茶调理好了孩子爷爷的失眠。我觉得有作用才推荐给他的，他一开始还不信，喝了两天效果就出来了，说自己睡得不知道醒，还老问孩子奶奶，自己睡了多长时间呢。现在他每天都必喝玫瑰花茶。

——45群易小

3. 喝了两天糯米小麦仁米糊和玫瑰花月季花茉莉花茶，昨晚睡眠质量很好！

——温暖

4. 我每晚睡觉都爱做梦，而且又记得很清楚的那种。我一喝玫瑰花茶就不做梦了，而且睡得很香，一觉到天亮，起来时还很轻松。很神奇。

——芳

5. 老师说过玫瑰花可以双向调节，我是肝气升发不足会心情忧郁，升发过度时脾气又暴躁。喝了这款茶，特别是在春天，心情舒畅，不急不躁，没有那么大的肝火了！

——英子

6. 这款茶对我效果特别明显。以前食欲不振、面黄肌瘦的，喝了这款茶，胃口好，吃饭香，人长胖了，肤色也好些了。

——读者朋友

7. 前几天白带很多，清水样。连续喝三天玫瑰花茉莉花茶（玫瑰量多），今天白带正常了！

——Mama Lai

8. 今天下午我喝了玫瑰花月季花陈皮茶，刚才在路上一个人把我的电瓶车撞倒了，我虽然大声说了他，但是一点都不生气，要是以前早就发火了。这个舒肝理气茶真是太厉害了，都让人发不了火。

——23群读者

9. 喝了一段时间三花舒肝茶，这次月经量正常了好多。之前量很少，三天就没了。认识陈老师真好。

——期待

10. 一直喝三花饮，感觉脸上的斑淡了好多。

——周新芳

11. 前几天半夜两三点醒来睡不着，对比老师说的失眠的几种情况，想到最近几天压力有点大，我认为是肝火型失眠。这两天都是玫瑰花茶伴随，有时候加点枸杞子和桑葚干，早起用经络梳重点梳头的两侧，这两三天都睡得很香。

——周银蕊

允斌点评

这位读者辨证准确。肝火扰乱心神会使人半夜醒来。头部两侧是胆经循行部位，疏通这里对肝火引起的失眠有帮助。当半夜醒来睡不着时，马上用梳子疏通头部两侧进行放松，也有助眠的作用。

双向调节，既能提神，又能改善睡眠质量，
喝蜂蜜鲜松汁

　　由于工作或学习不得不熬夜时，容易感觉疲劳、犯困、注意力无法集中。而专心动脑筋后，该睡觉时大脑又处于亢奋状态使人睡不着。

　　其实熬夜加班，不要喝茶或咖啡提神，只要喝一杯蜂蜜鲜松汁，就可以让您精力充沛；而到休息睡觉时，又能睡得更香。这是因为松针汁有双向调节的作用。

蜂蜜鲜松汁

【原料】

新鲜松针一大把、蜂蜜适量（松针的处理和储存方法详细说明可以参见本书222页）。

【做法】

1. 将处理好的松针剪成小段，加凉水用榨汁机榨出汁，用纱布滤去渣。

2. 按自己口味在松针汁中加入适量蜂蜜，搅拌均匀，放入冰箱冷藏，可以存放三天。

3. 出门前灌入随身杯中，随时饮用。

【功效】

1. 养心，抗疲劳。松针有双向调节的作用，加班时喝可以提神，长期喝又能提高睡眠质量。

2. 促进头发生长。

允斌叮嘱 松针按照上面教的处理方法，洗干净松油再用，否则有的人会感觉头晕不适。

读者评论 -

老师讲的蜂蜜鲜松汁这个方子特别好，我给孩子用了，孩子说上课真的不困了！

——欣然学习

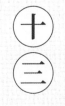

十三

解酒的
家传小茶方

　　葛花和枳椇子是传统解酒毒专用的一对药，自古有"千杯不醉"的美名。我给这一对药搭配了山楂和川陈皮，来增强解酒功效，还可以保护脾胃。

　　这个方子于10年前写入本书的第一版，许多读者使用以后都反映效果极佳。也有不少店铺根据这个配方研发制作茶包来售卖。现在的读者如果没空去药店自配，也可以在网络搜索购买成品，只是要注意选择用料精良的，特别是其中陈皮的真伪与品质好坏，对于保护脾胃是关键。

　　枳椇子是一种树上长的果子，形状弯弯曲曲，像鸡爪子，全国南北都有，各地的名称不同，比如有的地方叫它鸡爪梨，有的地方叫鬼爪子，有的地方叫拐枣。如果买不到枳椇子的果实，也可以到药房去买枳椇子的种子。

千杯不醉茶

【原料】

枳椇子120克、葛花150克、山楂160克、川陈皮60克。

【做法】

1.枳椇子切碎，陈皮掰碎。

2.全部原料分成10份，分别装入10个茶包袋。

3.每次1袋，沸水冲泡，闷3分钟后饮用。加适量红糖，效果更佳。

【功效】

1.喝酒前饮用能预防醉酒，喝酒后饮用可以解酒毒。

2.防止喝酒造成的腹部肥胖。

**允斌
叮嘱**

1. 虽然葛花加枳椇子这对药自古号称"千杯不醉"，但不是说这样就可以无节制地喝酒，它们是用来减轻酒精对身体造成的伤害。

2. 长期大量饮酒的人，平时不喝酒时也可以常喝这款茶，减轻酒精蓄积引起的脑损伤，预防饮酒过度导致的脂肪肝。

3. 孕妇，胃酸过多的人，有胃溃疡、十二指肠溃疡的人不宜吃山楂。

读者评论

1. 这个千杯不醉茶已经伴随我老公四年了，效果特别神奇。

——虎妞焦焦

2. 千杯不醉茶方用起来印象最深刻。我是跑业务的，经常应酬，但我喝不了多少就会醉。后来买了老师的书看见千杯不醉茶方，洋酒和啤酒兑在一起的炸弹酒喝了很多都没有醉。

——唐铭蔓

3. 帮老公做的千杯不醉茶, 解酒效果挺好。

——流年

4. 千杯不醉茶给爱人喝了效果很好。爱人因工作关系经常应酬喝酒, 每次会在喝酒前泡一杯千杯不醉茶喝, 酒后头疼和心里难受减轻很多。

——维一

5. 老师的解酒茶太管用了, 昨晚喝青梅酒喝多了, 吐了, 早上醒来头疼, 胃里难受, 起来上卫生间人还发晕。喝了老师的解酒茶睡了一觉, 醒了以后全好了。

——3群读者

6. 聚会后喝千杯不醉茶真舒服, 感谢老师的妙方。

——张德芬

7. 老公应酬多, 喝酒多, 当天晚上喝酒回来, 我给他煮好, 喝了一口嫌酸, 不过还是乖乖地喝了一碗, 喝完就睡下了。第二天我问他什么感受, 他说夜里就解酒了。感谢老师的食方, 酒没办法不喝, 那就尽可能地保护好脾胃。

——回忆的沙漏

喝白酒与喝啤酒是不一样的，白酒性热，啤酒性寒，我们用不同的
解酒方来保护肠胃，效果更有针对性。

醋梨解酒饮

【原料】
梨500克、醋半瓶、蜂蜜适量。

【做法】
1. 梨用加面粉的清水泡10分钟，清洗干净。

2. 带皮整个切丁，放入醋瓶中，加入蜂蜜。

3. 放入冰箱冷藏，三天后即可饮用。可以存放两个月。

4. 每次取适量，放入随身杯，凉水或温水调匀饮用。

【功效】
1. 解酒，消食，开胃。

2. 清肝明目，清热止渴，生津润燥。

3. 美白皮肤。

> **允斌叮嘱**　梨皮有化痰的作用，不要去掉。

读者评论 ------------------------------------

春天时我早早就准备了醋梨，一旦觉得吃得不是太消化，立马兑水喝一点，非常迅
速就能解决问题。

——Donna

喝酒之后如果觉得口干，胃口不好，人没有精神，可以用桂花、乌梅、罗汉果这三样保肝健胃的食材来醒酒。

桂香醒酒汤

【原料】
桂花30克（干品）、乌梅60个、罗汉果10个。

【做法】
1. 把所有原料分成10份，分别装入10个茶包袋。
2. 每次取1袋煮水或沸水闷20分钟后饮用，加1～2块红糖效果更佳。

【功效】
1. 醒酒，喝酒后饮用可以帮助肝脏
   解酒毒。
2. 生津止渴，开胃解腻。

| 允斌
叮嘱 | 这道醒酒汤源自传统饮料桂花酸梅汤，平时喝也有保肝的作用。 |

1. 跟着陈老师学习养生有十年了，茶包小偏方是2012年6月1日买的，几年间真是受益匪浅，里面的方子有一半用过。家人、亲戚、朋友、邻居等都推荐他们用过。起初亲戚们都不信，直到有一次，我侄子喝醉了，喝醉的样子让人看着不忍心。我立马拿出陈老师的茶包书翻看。当时正是秋季，刚好收了一点干桂花，就照着书上做起了解酒毒的桂香醒酒汤。当时侄子脸色苍白，看着挺吓人的，醉得不省人事，没办法只能把他摇醒，让他用吸管吸了几口。过了半个小时，再次摇醒他，这次让他多吸几口。之后每过半小时就摇醒他让他喝点。大概四次后，感觉他清醒多了，脸色也逐渐好了。他再次醒来后，告诉我肚子饿了，证明酒醒了，我这颗心也放下了。陈老师的醒酒汤真的靠谱！！！

——神珠

2. 乌梅解酒茶效果很好，以前我老公喝酒后第二天都没胃口，不想吃东西，喝了这个茶很明显第二天还有胃口。

——li

3. 老公喝完酒第二天都是点名要喝老师的这个方子。一般喝多了他就会宿醉，第二天醒来说五脏六腑都难受。给他喝下这个醒酒汤，再让他睡一会儿，一般到中午起来他就恢复了，不喊难受了，不会像以前那样在冰箱里找冰水喝，反酸嗳气也少了，中午胃口还不错。以前什么解酒方都试过，还是陈老师分享的最好用。

——百叶

十
四

常见慢性病
日常保养小茶方

很多人有慢性胃病而不自知，因为慢性胃病不一定有明显症状。等到出现嗳气、泛酸、胃痛这些情况，其实已经拖得比较久了。

如果觉得自己消化功能比较弱，或者经常感觉吃饭以后有点腹胀，就要注意调理，可以喝三焦健胃茶。

三焦健胃茶与蜂蜜陈皮茶都有健脾养胃、调理胃溃疡的功效。它们的区别是：三焦健胃茶增强脾胃消化功能的效果比较好，适合每日调养；蜂蜜陈皮茶促进溃疡面愈合的效果比较好，适合胃痛时辅助缓解。

三焦健胃茶

【原料】
大枣500克、川陈皮200克、大米250克。

【做法】
1. 将大米放入无油的炒锅中，用中火干炒到焦黑，加入两碗凉水，转大火煮开，继续用大火煮5分钟，趁热把水滤出。
2. 陈皮清洗干净，放入煮焦米的水中，泡软，等它吸透水分后取出来切成丝，沥干水分。
3. 将大枣用加面粉的清水泡10分钟，晾干。
4. 把陈皮、大枣一起放入无油的炒锅中，用小火干炒，炒到大枣外皮局部焦黑关火，晾凉后装瓶密封。

5. 每次取6个大枣和适量陈皮丝，放入随身杯，冲入沸水，闷20分钟后当茶饮，可以反复冲泡。

【功效】

1. 健脾养胃，增强消化功能。
2. 预防胃溃疡。

允斌 叮嘱	泡茶饮用后，用过的焦米可以加上白米一起煮粥，有助消化的作用。

读者评论

1. 不错，能明显改善消化功能。

——荷叶

2. 最喜欢这款茶饮了，胃寒的人就喝它，胃暖暖的很舒服，人也精神多了。

——心怡

秋天丝瓜老了之后，药性更好，有疏通人体络脉的作用，能通乳汁，还能祛除风湿，对痛风病人很有帮助。

丝瓜是清热毒的，所以它特别寒，阳虚的人不能多吃，吃的时候一定要配姜。

老丝瓜晒干之后去掉皮和籽，就变成平时我们洗碗用的丝瓜络了。丝瓜络有助于清除络脉中的风湿。老丝瓜煮水，对于痛风病人特别有帮助。

老丝瓜茶

【原料】
当年新收的老丝瓜3根。

【做法】
1. 把老丝瓜洗干净，连皮带籽一起洗干净，弄碎。
2. 加冷水下锅煮开，转小火熬1小时。
3. 放入冰箱冷藏，可以存放三天。
4. 每天取1/3放入随身杯，当茶饮用。

【功效】
1. 预防痛风。
2. 清热，祛风湿。

如果找不到老丝瓜，可以去药店买入药用的丝瓜络。药店卖的丝瓜络有两种：一种是普通丝瓜去皮晒干的，称为丝瓜络；一种是粤丝瓜连皮一起晒干的，称为丝瓜布。粤丝瓜产于广东，它的形状比较特别，带有10条棱。两者的效果是差不多的。

读者评论

1. 丝瓜瓤用于调理痛风效果很好。经常和我一起跳舞的姐们儿有痛风，我把老师的这个食方告诉她，她喝了一个月后跟我说："那个丝瓜瓤还真管用，把我也拉进你的群里一起养生吧。"

————4群北燕

2. 自家种的丝瓜，去年特意让母亲给留了些老丝瓜，来做老丝瓜茶。日前，母亲有痛风的症状，但是去医院又说还不至于吃药吊针，于是教她做老丝瓜茶，并嘱咐她常常喝。今年回去问她，说已经好了，没有觉得不适了。我就知道陈老师的方子没有不灵验的。

————11群读者

3. 老公痛风前兆，关节肿了，赶紧给他喝丝瓜络水，5～7天就慢慢消肿了，真神奇。平时丝瓜络水也作为保健常喝。

————读者朋友

把处理好的松针放在阴凉通风处晾干，就可以装瓶收藏起来，松针的香味能够长久保持。

松针茶

【原料】
新鲜松针500克
（松针的处理方法
见本书222页）

【做法】

1. 把洗净处理过的松针用剪刀剪成1.5厘米左右长的小段。

2. 炒锅烧热，不要放油，把剪好的松针放进去，干炒2分钟去掉水气。

3. 放在阳台上晒一天，装到瓶子里密封。

4. 每次取一小撮，沸水冲泡，闷制10分钟后饮用。可以反复冲泡。

【功效】

1. 预防感冒。秋冬季常饮可以提高抗病能力。

2. 祛风湿，预防关节痛、腰痛、肩痛。

3. 常饮可以缓解身体的水肿现象。

**允斌
叮嘱**

松针茶一定要喝温热的。

枸杞子并非越甜越好（甜表示果糖含量高）。好的枸杞子是药用枸杞子，并不是很甜，而且后味微苦。这种苦味来自它所含的甜菜碱。

甜菜碱有降糖、降脂、抗氧化的作用。糖尿病人、胖人可以选择含甜菜碱丰富的枸杞子品种来吃（关于枸杞子的挑选参考本书顺时强身篇237页）。

枸杞麦冬茶

【原料】
枸杞子120克、麦冬60克。

【做法】
1.麦冬切碎，和枸杞子一起分成10份，分别装入10个茶包袋。

2.每次取1袋，沸水冲泡，闷20分钟后饮用。

【功效】
1.养阴生津，适合糖尿病病人日常保健饮用。

2.润肺清心，缓解大便干燥。

3.给皮肤"注氧"，提高皮肤的代谢能力。

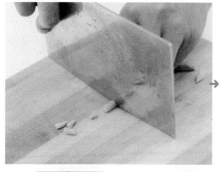

允斌叮嘱

1. 喝这款茶的时候不要吃鲤鱼。
2. 泡饮不能使枸杞子的药性完全析出，泡过的枸杞子最好吃掉，不要浪费了。

读者评论

1. 这款茶的功效真的非常好。我爸爸有糖尿病，买了老师的这本书看到这个茶方后，就按这个方子弄给我爸爸喝。刚开始让他喝时，他还用怀疑的眼神看我，我硬逼着他喝，喝了两三天后他自己竟然亲自动手泡起来了。他说喝了几天后感觉整个人很轻松、舒服。再后来带他去医院复查，医生说指数比之前好了很多。这把我爸他老人家高兴坏了，回来一直跟我说这个茶一定不能断了，否则他就要跟我急，到现在还一直都在喝。

——沙漠玫瑰

2. 老师的麦冬枸杞茶效果很好。我妈之前有一段时间，因没注意，一个人喝了整瓶全脂奶，导致血糖高到二十几。后来坚持喝了一个月麦冬枸杞茶，降回九点多。

——hermes

　　长期患糖尿病的人，往往脾肾都虚。有的吃降糖药几年后，药效越来越差。有的出现各种慢性并发症，比如全身酸痛、手脚发麻、血压不稳定等。

　　这种体虚的糖尿病人，坚持喝一两个月香椿茶，身体会有意想不到的变化，各种不适感都能得到缓解。有的朋友甚至发现，吃药也不能控制的血糖也有所改善。

香椿茶

【做法】

1. 采摘香椿叶晒干，揉碎，装入茶包袋。
2. 每次取1袋，沸水冲泡，闷5分钟后饮用，可以反复冲泡。

【功效】

1. 得糖尿病时间较久的人常饮，可预防糖尿病慢性并发症。
2. 适合风湿病、关节炎患者及中老年人保健饮用。

> **允斌叮嘱**
>
> 秋季的香椿叶对糖尿病人调理作用更佳。

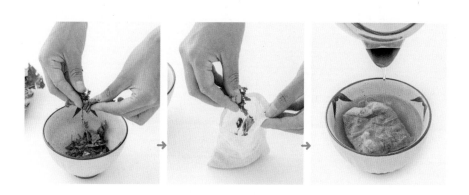

1. 我爸血糖很高,今年尝试了秋季的香椿叶泡水喝,同时吃着降糖药,由原来的11降到了7.3。

——绣气小姐

2. 我老公就有糖尿病,喝了以后很有用。

——睿睿奶奶

3. 我妈腿疼,去医院拍了CT,验血糖14.73。在医院针灸两天,吃了止痛药都没效果。春天的时候我买了几棵春椿树回来栽,现在有绿叶,我就摘了点煮水给她喝。当天晚上,她就说弯腰没那么痛了,腿也没那么疼了。现在口渴也好了很多。绿叶香椿对高血糖症状效果也是很好的。感恩陈老师无私分享,去医院花了大把大把的钱,缓解的效果都没有。医者父母心,陈老师做到了。

——莲

4. 自从知道秋天的香椿叶可以治糖尿病,给妈妈买了好多,妈妈又推荐给别人吃,反馈说效果好。

——跳动的心

5. 虽然喝完血糖不会马上降下来,但是妈妈坚持喝了一段时间,很多不舒服的现象得到了缓解,而且血糖在缓慢地降低。

——一丹

允斌解惑

Hui3355问:香椿叶煮水喝,对降血糖效果特别好,一个月可以从10.3降到6.4。但是中间有反复,不知道是什么原因,希望陈老师能在新书中说明一下。谢谢陈老师的无私奉献。

允斌答:糖尿病是一个顽固的慢性病,需要长期调理,香椿茶是辅助,在日常生活中还要注意系统全面地进行饮食调理,特别是要补好脾和肾。

菊花能通利血脉，对于预防高血压和心血管疾病都有帮助。白菊花对肝阳上亢型的高血压降压效果非常好，还很平和。

老人血压高，或有冠心病，平时都可以常喝白菊饮。

降压白菊饮

【原料】
500克白菊花。

【做法】
1. 把白菊花用水泡一晚上。

2. 加水煮开，30分钟后倒出来，再加水，再煮30分钟，倒出水来。

3. 把这两次的水加在一起，放在冰箱里，分10天喝完。

【功效】
1. 清肝明目。

2. 降低血压。

读者评论

对菊花的认识一直就是上火的时候喝，后来看了允斌老师的书，不仅了解了菊花的分类，还了解了很多菊花的功效，年纪大了，饮食不讲究导致血脂高，没控制好又继发高血压。自从喝上了老师书里的降压茶，血压竟然慢慢地降下来了，还很稳定，不用吃药就能降血压真的太神奇了。

——大浮

　　芹菜有三种：西芹、药芹和香芹。西芹药性最弱。香芹和药芹的作用相近，香芹偏于清肺化痰，药芹偏于平肝利湿。降血糖可以用香芹，降血压就用药芹。药芹就是传统老品种的中国芹菜。

芹枣平肝茶

【原料】

干药芹根60个、大枣60个。

【做法】

1. 药芹根晒干后切碎，和大枣一起分成10份，分别装入10个茶包袋。

2. 每次取1袋，将大枣掰开，放入杯中，冲入沸水，闷20分钟后饮用。

【功效】

1. 调理气血亏虚型高血压。

2. 平肝清热，益气健脾。

允斌叮嘱 芹菜根一定要用热水加上面粉多泡洗几遍,再用开水烫一下,尽量洗得干净些再用。

读者评论

前几天我妈在社区量血压,高压130,低压90。之前是高压150,低压90,看来最近的食疗养生和使用经络梳、药枕的效果很好,医生还问是不是吃降压药了。

——Betty

山楂是现代富贵病的克星。它降血脂、降血压的功效很好，又能消肉食，减肥，还有强心的功效，对于冠心病、心律不齐都有调理作用。

菊果降压茶

【原料】

山楂150克、杭白菊30克、甘草30克。

【做法】

1. 把全部原料分成10份，分别装入10个茶包袋。

2. 每次取1袋，沸水冲泡，闷10分钟后饮用，可以反复冲泡。

【功效】

1. 适合血压高的人保健饮用。

2. 清热，通血脉，预防心血管疾病。

读者评论

父亲高血压很多年，降压药也吃了很多，前一阵子查出有血管硬化的趋势，因为降压药吃得太久了。想起陈老师的书里有降压的方子——菊果降压茶，天天叮嘱妈妈泡给他喝，前一阵回家听说血压已经降下来了，也不爱上火了，耳清目明！

——37群Betty

这道小茶方可以清脂减肥,适合肥胖兼血压高、便秘的人饮用。

清肝降脂茶

【原料】
山楂150克、杭白菊30克、决明子150克。

【做法】
1. 把原料分成10份,分别装入10个茶包袋。

2. 每次取1袋,沸水冲泡,1分钟后倒掉水。

3. 再次冲入沸水,闷30分钟后饮用,可以反复冲泡。

【功效】
1. 调理轻度脂肪肝。

2. 降血脂,降血压,预防心血管疾病。

书中清肝降脂茶帮助中度脂肪肝的家人减轻到了轻度,今年体检更轻微了!

——水

软化血管茶

【原料】

冬瓜皮（干品）60克、山楂肉150克、乌龙茶30克。

【做法】

1. 全部原料分成10份，分别装入10个茶包袋。

2. 每次取1袋，沸水冲泡，闷30分钟后饮用，可以反复冲泡。

【功效】

1. 防治动脉硬化。

2. 增强血管弹性，降血脂。

3. 有瘦身的作用。

1. 母亲更年期后身体状况大幅度下降，体检几次都是血脂指标高出一大截，家人都很担心。我遇到身体出状况，第一件事就是去翻老师的书。这个方子很简单，既不需要名贵药材，也不需要复杂的操作，母亲自己动手喝了两三个月，再去体检发现血脂指标已经恢复正常，医生都觉得不可思议。

——16群艾丽

2. 老公常年抽烟喝酒，医生也说血管很快就会脆得和玻璃片一样了，吓得我每天给老公冲一杯老师推荐的软化血管茶，督促他常常饮用。小半年的时间，他的血压、血脂都降下去不少，大肚子也小了些。给医生看陈老师的食方，医生都说这确实是个预防心脑血管疾病的好方子。

——芳菲

肾炎保健饮

【原料】
葡萄干100克、黑桑葚干100克、薏苡仁100克。

【做法】
1. 把葡萄干和桑葚干用加面粉的清水泡10分钟，清洗干净。

2. 放入微波炉高温烘烤3分钟。

3. 薏苡仁放入无油的炒锅用小火炒黄。晾凉后研碎。

4. 把全部原料分成10份，分别装入10个茶包袋。

5. 每次取1袋，沸水冲泡，闷30分钟后饮用，可以反复冲泡。

【功效】
1. 消除慢性肾炎水肿。

2. 补肾，利水，消肿。

十五 亚健康调养小茶方

蜂蜜能滋养脾胃。蜂蜜的来源是花蜜，花蜜是百花的精华，它在采集时混合了蜜蜂分泌的酶，就像人类酿造的酒、酱、醋一样，经过了营养转化的过程，因而更加滋补，更容易被人体吸收。

红枣也是滋养脾胃的。红枣偏温，搭配偏凉性的蜂蜜正合适。

身体瘦弱，觉得自己吸收功能不好，怎么吃都不胖的人，可以用这道茶饮来温养脾胃。

蜂蜜红枣茶

【原料】
红枣250克、蜂蜜半瓶。

【做法】
1. 准备一个干净无油的玻璃瓶，用开水烫过消毒。
2. 红枣去核，放入电饭煲里加3碗水，开煲汤挡或炖煮挡煮1小时左右，直到红枣软烂。
3. 把煮熟的红枣捣成泥，或放进料理机打成泥。
4. 把打好的红枣泥放入锅里，用小火熬制，去掉多余的水分。

5. 把红枣泥装入准备好的玻璃瓶，装满半瓶。

6. 倒入蜂蜜，用干净无油的筷子搅拌均匀。盖好瓶盖，放入冰箱冷藏。

7. 每次取1～2勺，放入随身杯，用温水冲调。

【功效】

1. 温养脾胃。

2. 补气血，养肝健脾。

3. 滋润皮肤。

允斌 叮嘱	蜂蜜喝多了容易便溏或腹泻的人可以改喝这道蜂蜜红枣茶。

怎样快速去枣核：

方法一：把红枣放在案板上，用菜刀横过来把红枣拍扁，红枣裂开，核就好取了。

方法二：取一个带蒸格的锅，把红枣竖着放在蒸格的洞眼上，用一根筷子从一头往下捅，就可以轻松地把枣核捅出来。

　　阴虚内热的人，很容易上虚火，觉得口干、鼻子干，咽喉也干痛，但是没有什么痰。这种火不是实火，可以喝一些玄麦甘桔茶来滋阴降火。

　　玄麦甘桔茶出自清代顾世澄所著《疡医大全》，是一道非常经典的中医茶饮方，能润肺滋阴，生津止渴。

玄麦甘桔茶

【原料】
玄参20克、麦冬20克、桔梗15克、甘草5克、蜂蜜适量。

【做法】
将玄参、麦冬、桔梗、甘草放入锅中，用水煮开，加少量蜂蜜调味。

【功效】
清热滋阴，调理阴虚火旺、虚火上浮、口鼻干燥、咽喉干痛。

允斌叮嘱

1. 这个经典方对于长期咳嗽造成的咽喉痛、干咳或痰黄很黏咳不出来的人也有调理作用。
2. 咳嗽、痰多时不要用。

读者评论

失眠用了，效果对症，挺好。给我妈也配了，她喝了没几次能睡到3点了，以前睡的时间很短。

　　　　　　　　　　　　　　　　　　　　——小米儿

柠檬鲜松汁

【原料】

新鲜松针1大把、新鲜柠檬1个、蜂蜜适
量（松针的处理和储存方法详细说明可
以参见本书222页）。

【做法】

1. 把洗净处理过的松针剪成小段，加凉
   水用榨汁机榨出汁，用纱布滤去渣。

2. 柠檬切开，挤出柠檬汁加入松针汁中。

3. 按自己口味在松针汁中放入适量蜂
   蜜，搅拌均匀，放入冰箱冷藏，可以
   存放三天。

4. 出门前灌入随身杯中，随时饮用。

【功效】

1. 保养心脏，帮助肝脏解毒。

2. 抗疲劳。3.促进头发生长。

允斌 叮嘱	1. 柠檬含有光敏物质，喝过以后避免在阳光下暴晒。
	2. 熬夜加班或学习前喝柠檬鲜松汁能使你精力充沛。

人体运行气血的通道包括"经脉"和"络脉"两部分。经脉是一条条的线，而络脉是遍布全身的网。中医学认为，久病入络。慢性病往往由络脉瘀阻形成。如果我们时刻保持络脉畅通，就能不生病、少生病，有病也好得快。

有两样药食同源的食材通络脉的效果都很好，一个是橘络，偏重于疏通我们络脉中的痰和瘀；第二个是丝瓜络，偏重于疏通我们络脉中的风和湿。

通络保健茶

【原料】

丝瓜络90克、干橘络90克、红糖10小块。

【做法】

1. 把丝瓜络打成碎末。

2. 把丝瓜络、橘络和红糖分成10份，分别装入10个茶包袋。

3. 每次取1袋，用沸水冲泡，闷20分钟后饮用。有条件煮水更好。

【功效】

疏通络脉瘀阻，亚健康人群的天然保健佳饮。

1. 我喉咙总觉得有痰，喝完了这款通络保健茶一周后感觉好多了。

　　　　　　　　　　　　　　　　　　　　　　　　　　　　——口天大侠

2. 橘络是手剥川红橘皮的时候，一瓣一瓣从橘肉上撕下来的，特别珍贵，而且特别少！！每年都是留着给我父母煮通络茶喝，喝到橘络用完为止。作为保健，通血管通络，有时候会加点陈皮。可能是滴水穿石的作用吧，二老每年体检一直都没有血管、血脂的问题。感恩！

　　　　　　　　　　　　　　　　　　　　　　　　　　　　　　——一丹

3. 老公痛风前兆关节肿了，赶紧喝丝瓜络水，5-7天就慢慢消肿了，真神奇。平时丝瓜络水也常喝作为保健。

　　　　　　　　　　　　　　　　　　　　　　　　——向日葵（年年有余）

4. 感冒后有痰效果很好，有时候喝一次就好了，黄痰也有效果。

　　　　　　　　　　　　　　　　　　　　　　　　　　　　　——cherry

5. 这款茶我喝过，白痰比较多，喝了一周情况有所好转。坚持一个月，完全好了。

　　　　　　　　　　　　　　　　　　　　　　　　　　　　　　——高鑫

6. 我在风寒感冒后，咳嗽有痰，后面就一连喝了五天的陈皮橘络茶，没有咳嗽了，痰也没有了。老师的方子真灵！

　　　　　　　　　　　　　　　　　　　　　　　　　　　　——tsui wah

7. 这个用得很多，效果很好，手指头顶端隐隐作疼，像是透了风，很不舒服的感觉没有了。

　　　　　　　　　　　　　　　　　　　　　　　　　　　　　　——春晓

有的人每天早上起来总觉得面部有点水肿，到下午就好了。这是脾虚湿气重引起的，最好在睡前3小时内不要喝水。早上起来可以喝这道薏米茶来帮助消肿。

薏米消肿茶

【原料】
薏苡仁600克、炙甘草10克。

【做法】
1. 薏苡仁用不放油的炒锅炒黄，和甘草一起放进料理机打成粗粒或粉末。
2. 把打好的粉分成20份，分别装入20个茶包袋中，装瓶密封。
3. 每次取1袋，放入随身杯中，用沸水冲泡饮用。

【功效】
1. 调理小便发黄。
2. 健脾祛湿。
3. 消除面部水肿。

允斌叮嘱　孕妇忌食薏苡仁。脾胃虚寒的人也要少吃。

我们的健康是在生活的饮食中得到的，最好的医生就是我们自己，最好的药就来自我们的厨房。愿每个人都能从合理的饮食开始，希望我们的亲人和朋友都能健康地活着。我从关注老师的公众号起就一直改善自己的饮食，现在身体也越来越好了。

——张文倩

—